多媒体教学DVD导读

本书DVD包括72小节多媒体教学课程，全程语音讲解+视频动画演示，总教学时间长达152分钟。

U0062950

[主界面]

1. 主菜单（单击可打开下一级菜单）
2. 下一级菜单（单击可打开相应的视频文件）
3. 单击可打开内容补充文件所在文件夹
4. 单击可查看光盘说明
5. 单击可浏览光盘内容
6. 单击可退出播放程序

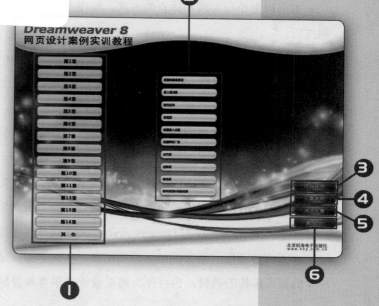

[播放界面]

1. 播放/暂停按钮（单击可播放/暂停视频）
2. 单击可停止播放视频
3. 拖动可控制播放进度
4. 单击可调节音量

小提示

一般情况下，将本光盘放入光驱中后，就会自动运行，片头播放完后，就可以通过单击界面上的按钮选择学习内容。如果光盘没有自动运行，可以通过双击光盘根目录下的AutoRun.exe文件来运行。

如果用户的电脑无法正常播放视频文件，可以先执行DATA\TSCC.exe程序安装所需的插件，然后即可打开相应的AVI文件进行观看。

内容提要

本书以理论与实践相结合的方式，循序渐进地讲解了使用 Dreamweaver 8 设计网页的方法和技巧。

全书共分 16 章，分别介绍了以下内容：遨游 Dreamweaver 8 精彩世界，创建与规划站点，文本及其格式化，表格，图像，框架，页面布局视图的使用，链接，层与时间轴，表单，行为，制作动态页面，代码片断、库项目和模板，网页的制作，网站的测试与上传，使用 Fireworks 8 处理网页图像。每章都围绕给出的知识点，对其展开讲解，并将这些知识点融入到随堂案例实训中，使读者巩固所学内容。每章最后都附有课后习题，帮助读者复习所学知识。此外，书中还提供了一些拓展实例，便于教师选择教学和学生拓展知识。

与本书配套的多媒体教学光盘中不仅包含全书讲解案例的素材文件和效果文件，还包括了 72 小节共长达 152 分钟的 Dreamweaver 8 的多媒体视频演示。

本书内容全面、语言简洁、结构清晰、实例丰富，适合作为各类职业院校、大中专院校和计算机培训机构的教材，也可作为网页设计自学者和爱好者的参考用书。

本书编委会

主　编：杨　聪　韩小祥　周国辉

副主编：张　彦　周雪松　饶志凌

参　编：宋玲玲

21 世纪高职高专计算机操作技能实训规划教材

Dreamweaver 8 网页设计
案例实训教程

杨　聪　韩小祥　周国辉　主　编
张　彦　周雪松　饶志凌　副主编

中国人民大学出版社
·北京·

北京科海电子出版社
www.khp.com.cn

图书在版编目(CIP)数据

Dreamweaver 8 网页设计案例实训教程/杨聪，韩小祥，周国辉主编.
北京：中国人民大学出版社，2008
21世纪高职高专计算机操作技能实训规划教材
ISBN 978-7-300-09694-0

Ⅰ.D…
Ⅱ.①杨… ②韩… ③周…
Ⅲ.主页制作—图形软件，Dreamweaver 8—高等学校：技术学校—教材
Ⅳ.TP393.092

中国版本图书馆 CIP 数据核字（2008）第 140231 号

21 世纪高职高专计算机操作技能实训规划教材
Dreamweaver 8 网页设计案例实训教程
杨聪　韩小祥　周国辉　主编

出版发行	中国人民大学出版社　北京科海电子出版社				
社　址	北京中关村大街 31 号		**邮政编码**	100080	
	北京市海淀区上地七街国际创业园 2 号楼 14 层		**邮政编码**	100085	
电　话	（010）82896442　62630320				
网　址	http://www.crup.com.cn				
	http://www.khp.com.cn（科海图书服务网站）				
经　销	新华书店				
印　刷	北京市科普瑞印刷有限责任公司				
规　格	185 mm×260 mm　16 开本		**版　次**	2009 年 2 月第 1 版	
印　张	18		**印　次**	2009 年 2 月第 1 次印刷	
字　数	438 000		**定　价**	29.00 元（含 1CD 价格）	

丛 书 序

教育部在"面向 21 世纪教育振兴行动计划"中指出，"高等职业教育必须面向地区经济建设和社会发展，适应就业市场的实际需要，培养生产、管理、服务第一线需要的实用人才，真正办出特色。"因此，职业教育的教学应适应社会需求，以就业为导向，以培养具有较高实践能力的应用型人才为目标，这种职业教育理念已得到社会共识。

为此，编写和出版满足现代高等职业教育的应用型教材很有必要。我们在教育部相关教学指导委员会专家的指导和建议下，做了大量的市场调研，邀请了职业教育专家、企业技术人员和高职院校的骨干老师进行了研讨，规划并编写了本套"21 世纪高职高专计算机操作技能实训规划教材"，以满足高等职业院校计算机课程教学的需要。

本系列教材的宗旨是，满足现代高等职业教育快速发展的需要，介绍最新的教育改革成果，培养具有较高专业技能的应用型人才。

丛书特色

介绍职业教育改革成果，适应新的教学要求

本丛书是在教育部的指导下，针对当前的教学特点，以高等职业教育院校为对象，以"实用、够用"为度，淡化理论，注重实践，消减过时、用不上的知识，内容体系更趋合理。

内容实用，教学手法新颖，适当介绍最新技术

本丛书中，我们尽量采用图示方式讲解每一个知识点，降低学习难度；重点介绍计算机应用最常用、实用的知识，尽量避免深奥难懂的不常用知识。即便是必要的理论基础，也从实用的角度结合具体实例加以讲述，包括具体操作步骤、实践应用技巧、接近实际的素材，保证了本丛书的实用性。且在编写过程中，注重吸收新知识、新技术，体现新版本。

基础知识讲解与随堂案例演练的有机结合

本丛书将必须掌握的基础知识与随堂案例演练进行结合，讲解基础知识时，以"实践实训"为原则，先对知识点做简要介绍，然后通过精心挑选的随堂案例来演示知识点，专注于解决问题的方法和流程，目的就是培养初学者解决实际工作问题的能力。

培养动手能力的综合案例实训环节

本丛书的目标是"操作占篇幅的大部分，老师好教、学生易学，更容易提高学生的兴趣和动手能力"。所以，本丛书除了根据课堂讲解内容，提供精选的大量实际应用实例外，还以"贴近实际工作需要"为原则，在每章最后提供综合实训案例，培养读者综合应用知识、解决实际问题的能力，以适应岗位对工作技能的要求，让学生了解社会对从业人员的真正需求，为就业铺平道路。

难度适中的课后练习

本丛书除配有大量的例题、实训案例外，还提供有课后练习，包括知识巩固和动手操作两部分，前一部分以填空题、判断题、选择题、问答题的形式出现，后一部分则根据所学内容设计若干个操作题，真正体现学以致用。

丛书组成

陆续推出以下图书：

1. Photoshop CS3 平面设计案例实训教程
2. Flash CS3 动画设计案例实训教程
3. Dreamweaver 8 网页设计案例实训教程
4. 网页设计三合一案例实训教程（CS3 版）
5. AutoCAD 2008 辅助设计案例实训教程
6. AutoCAD 2008 机械制图案例实训教程
7. AutoCAD 2008 建筑制图案例实训教程
8. Visual Basic 6.0 程序设计案例实训教程
9. Visual FoxPro 6.0 数据库应用案例实训教程
10. Access 2003 数据库应用案例实训教程
11. Visual C++ 6.0 案例实训教程
12. 计算机应用基础案例实训教程
13. 计算机组装与维护案例实训教程
……

丛书作者

本丛书是由具有丰富行业背景的企业技术人员和具有丰富教学经验的一线骨干教师执笔，作者在总结了多年教学与实践经验的基础上编写而成。在编写过程中，充分考虑了大多数学生的认知过程，重点讲述目前在信息技术行业实践中不可缺少的、广泛使用的、从业人员必须掌握的实用技术。

在本丛书完稿后，我们聘请企业和教学一线的双师技能型人才审读，确保出版的教材符合企业的需求。

光盘特色

作为"十一五"期间重点计算机多媒体教学出版物规划项目，我们按照"一学即会"的互动教学新观念开发出了互动式多媒体教学光盘，具有如下特色：

- ※ 活泼生动的多媒体教学环境，全程语音讲解的多媒体教学演示。
- ※ 提供所有实例的素材文件、效果文件。
- ※ 超大容量，播放时间长达数小时。
- ※ 对于一些日常工作中有可能用到，但图书限于篇幅没能讲解的内容，我们在光盘中进行讲解，以拓宽知识面和图书信息容量。

读者对象

"21 世纪高职高专计算机操作技能实训规划教材"及其配套多媒体学习光盘面向初、中级用户，尤其适合用作职业教育院校和各类电脑培训班的教材。

对于稍有电脑使用基础的用户，可以借助本套丛书快速提升计算机应用水平，早日掌握相关职业技能。

即使没有任何电脑使用经验的自学用户，也可以借助本套丛书跨入电脑应用世界，轻松完成各种日常工作，尽情享受 21 世纪的 IT 新生活。

增值服务

本套丛书还免费为用书教师提供 PowerPoint 演示文档，该文档可将书中的内容及图片以幻灯片的形式呈现在学生面前，在很大程度上减轻了教师的备课负担，深受广大教师的欢迎。用书教师请致电：010－82896438 或发 E-mail：feedback@khp.com.cn 索取电子教案。

此外，我们还将在网站（http://www.khp.com.cn）上提供更多的服务，希望我们能成为学校倚重的教学伙伴、教师学习工作的亲密朋友、学习人群的教育资源绿洲。

编者寄语

本套丛书的作者均为具有丰富行业背景的企业技术人员，多年从事计算机应用教学、具有丰富教学实践经验的一线教师或培训专家。愿凝聚着几十位作者、编辑和多媒体开发人员心血和辛勤汗水的本系列图书，为您的学习、工作、生活带来便利。

希望本丛书的人性化设计的多媒体教学环境，配合一看就懂、一学就会的图书，成为计算机职业教育院校、电脑培训学校，以及初、中级自学用户的理想教程。

创新、求实、高质量，一直是科海图书的传统品质，也是我们在策划和创作中孜孜以求的目标。尽管倾心相注，精心而为，但错误和不足在所难免，恳请读者不吝赐教，我们定会全力改进。

丛书编委会
2009 年 1 月

前　言

Dreamweaver 8 是一款专业的网页设计工具软件,用于对 Web 站点、Web 页和 Web 应用程序进行设计、编码和开发。Dreamweaver 8 能为用户提供许多工具,丰富用户的 Web 创作体验。

全书共分 16 章,第 1 章介绍了遨游 Dreamweaver 8 精彩世界,包括 Dreamweaver 8 的工作界面、主菜单和新建空白文档等;第 2 章介绍了创建和规划站点,包括站点规划的概念和方法,创建本地站点和站点的基本操作等;第 3 章介绍了文本及其格式化,包括文本及其格式化概述、文本的输入、创建项目列表和 CSS 样式;第 4 章介绍了表格,包括创建表格、设置表格和单元格;第 5 章介绍了图像,包括图像的类型、插入图像和图像属性设置等;第 6 章介绍了框架,包括创建框架集、框架和框架集的基本操作;第 7 章介绍了页面布局视图的使用,包括布局表格和布局单元格的基本知识和基本操作;第 8 章介绍了链接,包括链接和路径的概述和创建链接的方法等;第 9 章介绍了层与时间轴,包括层和时间轴的概念、创建层、层的基本操作、创建时间轴动画等;第 10 章介绍了表单,介绍了表单的概念、创建表单、表单的属性和表单中的对象及其属性;第 11 章介绍了行为,包括行为的概念和行为的基本操作等;第 12 章介绍了制作动态页面,包括构建动态页面的基础、用户注册和登录页面等;第 13 章介绍了代码片断、库项目和模板;第 14 章介绍了网页的制作;第 15 章介绍了网站的测试和上传;第 16 章介绍了使用 Fireworks 8 处理网页图像。本书在讲解过程中,将知识点融入到每章节的实例中,便于读者通过具体的实例操作,理解所学知识,并较快地提高动手能力。

与本书配套的多媒体教学光盘中不仅包含全书讲解案例的素材文件和效果文件,还包括了 72 小节共长达 152 分钟的 Dreamweaver 8 的多媒体视频演示。

本书内容全面、语言简洁、结构清晰、实例丰富,适合作为各类职业院校、大中专院校和计算机培训学校的教材,也可作为网页制作自学者和爱好者的参考用书。

本书在编写的过程中力求严谨细致,但由于时间仓促加之作者水平有限,书中难免有不足之处,敬请广大读者批评指正。

编　者
2009 年 1 月

目　录

Chapter 1

遨游 Dreamweaver 8 精彩世界

本章中所涉及的素材文件，可以参见配套光盘中的\\Mysite\ch01。

基础知识 ◆ Dreamweaver 8 简介
◆ 选择工作区

重点知识 ◆ Dreamweaver 8 的工作界面
◆ 主菜单

提高知识 ◆ 新建空白文档
◆ 增加网页文字
◆ 插入图像

1.1 Dreamweaver 8 简介

　　Dreamweaver 是 Macromedia 公司出品的一款"所见即所得"的网页制作软件。与 FrontPage 不同，Dreamweaver 工具采用的是浮动面板的设计风格。这种操作方式的直观性与高效性是 FrontPage 无法比拟的。

　　Dreamweaver 是可视化的网页制作工具，很容易操作。使用 Dreamweaver 可以轻松地制作出网页，也可以尽情地发挥出创意。可视化的意思就是在 Dreamweaver 中制作出效果，在浏览器中就能看到同样的效果，也就是常说的"所见即所得"。

1.2 Dreamweaver 8 的工作界面

　　在安装 Dreamweaver 8 之后，会自动在 Windows 的"开始"菜单中创建程序组，执行"开始"｜"程序"｜Macromedia｜Macromedia Dreamweaver 8 命令，便可启动 Dreamweaver 8 软件。

实讲实训
多媒体演示

多媒体演示参见配套光盘中的\\视频\第1章\启动Dreamweaver 8.avi。

1.2.1 选择工作区

　　在 Windows 中首次启动 Dreamweaver 8 软件时，弹出"工作区设置"对话框，如图 1-1 所示。

"设计者(D)"工作区是一个使用 MDI（多文档界面）的集成工作区，其中全部文档窗口和面板被集成在一个更大的窗口中，并将面板组停靠在右侧（建议一般用户使用此布局）。

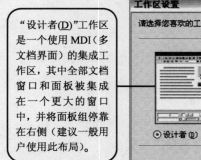
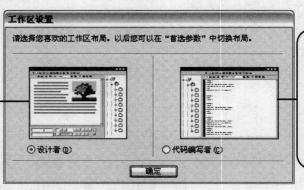

"代码编写者(C)"也是集成工作区，但是将面板组停靠在左侧，默认情况下显示"代码"视图（建议 HomeSite 或 ColdFusion Studio 用户以及手工编码人员使用此布局）。

图 1-1 "工作区设置"对话框

　　选择"设计者"单选按钮后，单击"确定"按钮，便看到 Dreamweaver 8 的起始页，如图 1-2 所示。

　　通过起始页可以打开最近的工作项目，也可以使用常规方式或根据范例来创建项目。如果以后不想看到起始页，可以选中页面中的"不再显示此对话框"复选框。

图 1-2 起始页

1.2.2 认识 Dreamweaver 8 的工作界面

Dreamweaver 8 工作区的操作界面，采用与 Fireworks 8 和 Flash 8 相同的操作界面，面板都是浮动的，具有可对接性、可重组性。这使得编辑网页的工作变得更加地直观、轻松，新的工作区如图 1-3 所示，其中各部分名称及作用如下。

实讲实训
多媒体演示

多媒体演示参见配套光盘中的\\视频\第1章\工作界面介绍.avi。

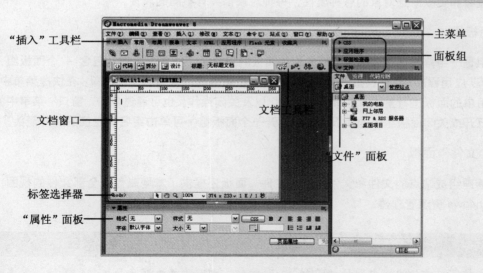

图 1-3 Dreamweaver 8 工作区

1. 主菜单

在这里可以找到编辑窗口的绝大部分功能菜单，所有操作基本都是从这里开始的。

2．"插入"工具栏

包含将各种类型的对象（如图像、表格和层）插入到文档中的按钮。也可以不使用"插入"工具栏，而使用"插入"菜单插入各种类型的对象。

3．文档工具栏

包含按钮和弹出式菜单。它们提供各种窗口视图（如"设计"视图和"代码"视图）、各种查看选项和一些普通操作（如在浏览器中预览）。

4．文档窗口

显示当前创建和编辑的文档。

 提 示

> 在文档窗口的菜单栏中选择"查看"｜"工具栏"｜"标准"选项，可在文档窗口中显示"新建"、"打开"和"保存"等常用操作快捷按钮。

5．标签选择器

显示环绕当前选定内容的标签的层次结构。单击该层次结构中的任意标签可以选择该标签及其全部内容。

6．"属性"面板

用于查看和更改所选对象的各种属性。每种对象都具有不同的属性。

7．面板组

面板组是一组停靠在某个标题下面的相关面板的集合。工作界面上默认包含 4 个面板组，分别为 CSS、应用程序、标签检查器和文件。右击各个面板名称可弹出快捷菜单，在快捷菜单中，可对面板组中的面板进行重组、重命名、最大化以及关闭操作。也可通过单击"窗口"菜单中的相应命令打开或关闭面板组中的面板。若要展开一个面板组，可单击组名称左侧的展开箭头。

8．"文件"面板

可以管理组成站点的文件和文件夹。"文件"面板还提供了本地磁盘上全部文件的视图，类似于 Windows 资源管理器。

提 示

> 单击文档窗口右侧边缘中间的"▶"或"◀"按钮，即可隐藏或显示面板组。另外，单击面板组上的"▶"或"▼"按钮可展开或关闭单个面板组。

当然，除了"文件"面板，Dreamweaver 8 还提供了许多面板、检查器和窗口，如"历史记录"面板和"代码检查器"，使用"窗口"菜单即可打开。

注 意

以下是几个打开和关闭常用浮动面板的快捷键，在制作过程中这些快捷键会被频繁地使用。

"插入"工具栏：	Ctrl+F2 组合键；
"属性"面板：	Ctrl+F3 组合键；
"CSS 样式"面板：	Shift+F11 组合键；
"行为"面板：	Shift+F4 组合键；
"标签检查器"面板：	F9 键；
"代码片断"面板：	Shift+F9 组合键；
"文件"面板：	F8 键；
隐藏所有面板：	F4 键。

1.2.3　主菜单

在 Dreamweaver 8 软件的使用过程中，基本上所有的功能都可通过主菜单来实现。掌握菜单命令的功能和位置，将会更快捷地使用本软件。下面分别对各菜单的功能进行简要的概述。

1．"文件"菜单和"编辑"菜单

"文件"菜单和"编辑"菜单包含最基本和最常用的操作选项，例如，"新建"、"打开"、"保存"、"剪切"、"拷贝"和"粘贴"等选项。"文件"菜单还包含各种其他选项，用于查看当前文档或对当前文档执行操作，例如，"在浏览器中预览"和"打印代码"选项。"编辑"菜单包括选择和搜索选项，例如，"选择父标签"和"查找和替换"选项，并且提供键盘快捷方式编辑器、标签库编辑器和参数设置编辑器。

2．"查看"菜单

"查看"菜单列出了文档的各种视图，例如，"设计"视图和"代码"视图，并且可以显示和隐藏不同类型的页面元素以及不同的 Dreamweaver 工具。

3．"插入"菜单

"插入"菜单提供"插入"工具栏的替代项，用于将对象插入到文档中。

4．"修改"菜单

"修改"菜单可以更改选定页面元素或项的属性。使用此菜单，可以编辑标签属性，更改表格和表格元素，以及可以对库项和模板执行不同的操作。

5．"文本"菜单

"文本"菜单可以轻松地设置文本的格式。

6．"命令"菜单

"命令"菜单提供对各种命令的访问，包括根据格式的参数选择设置代码格式的命令、创建相册的命令，以及使用 Macromedia Fireworks 8 优化图像的命令。

7．"站点"菜单

"站点"菜单可用于创建、打开和编辑站点，管理当前站点中的文件。

8．"窗口"菜单

"窗口"菜单提供对 Dreamweaver 8 中所有面板、检查器和窗口的访问。

9．"帮助"菜单

"帮助"菜单提供对 Dreamweaver 8 技术支持的访问，包括如何使用 Dreamweaver 8 以及一些在线论坛等帮助系统，并且包括各种语言的参考材料。

1.2.4　课堂实训——新建空白文档

新建文档是设计和制作网页的第一步。在具体的操作中显得尤为重要。具体操作步骤如下：

实讲实训
多媒体演示

多媒体演示参见配套光盘中的\\视频\第1章\新建空白文档.avi。

Step 01 启动 Dreamweaver 8，在默认的情况下会自动打开一个未命名的空白文档。如果没有打开空白文档，可以在文档窗口的菜单栏中依次选择"文件"|"新建"选项，弹出"新建文档"对话框，如图 1-4 所示。

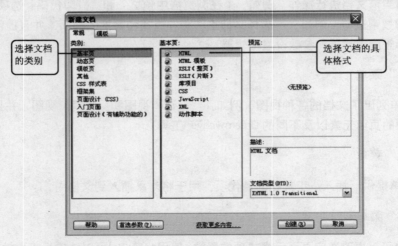

图 1-4　"新建文档"对话框

Step 02 在"常规"选项卡中选择"基本页"类别中的 HTML，再单击"创建"按钮，便可新建一个 HTML 页面，如图 1-5 所示。

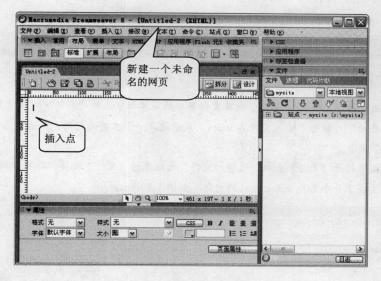

图 1-5　新建的一个空白文档

1.3　案例实训

本节将通过较有代表性的例子，练习制作简单的动态页面。

1.3.1　案例实训 1——增加网页文字

学习如何在一个页面文档中输入文字、设置文字以及如何保存页面文档。这些都是设计和制作一个页面的基本操作。具体操作步骤如下：

Step 01 制作网页的正文。将光标放置在正文编辑区内，在其中输入文字"我的页面"。按下回车键，光标便定位到下一段，再输入一些主页文字，如图 1-6 所示。

实讲实训
多媒体演示

多媒体演示参见配套光盘中的\\视频\第1章\增加网页文字.avi。

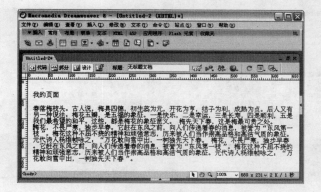

图 1-6　在编辑区内输入文字

提 示

若在同一个窗口中建立或打开了多个文档，可按 Ctrl+Tab 组合键切换各个文档。

Step 02 保存网页。按下 Ctrl+S 组合键，或在文档窗口的菜单栏中选择"文件"|"保存"选项。在弹出的"另存为"对话框中输入文件名 index，表示这是一个主页面文件，然后单击"保存"按钮，如图 1-7 所示。

Step 03 在面板组中打开"文件"面板，选择"文件"面板下的"文件"标签，即可看到在"C:\mysite\"目录下生成了一个名为 index.html 的文件，如图 1-8 所示。

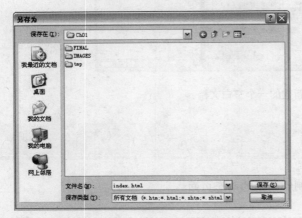

图 1-7 "另存为"对话框   图 1-8 保存的网页出现在站点中

Step 04 对网页文字进行简单的排版。主要是设置标题文字的格式。将光标定位在第一段，然后按 Ctrl+F3 组合键调出"属性"面板，单击"居中对齐"按钮，将标题文字设为居中对齐。选中本段文字，在"大小"文本框中输入字号为 6，设置"文本颜色"为深红，并单击"粗体"按钮，将文字加粗，如图 1-9 所示。

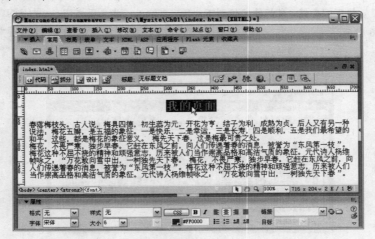

图 1-9 设置标题文字的格式

提 示

如果设置字号时，无法得到如图 1-9 所示的效果，可以选择"编辑"｜"首选参数"选项，弹出"首选参数"对话框，在左侧选择"常规"分类，在右侧撤销勾选"使用 CSS 而不是 HTML 标签"复选框，然后单击"确定"按钮，即可获得相同效果。

Step 05 在正文文字前插入两个空格，作为段落的首行缩进。若按下空格键后并没有插入空格，这是因为在 Dreamweaver 8 中只认全角空格。只需将输入法切换到全角状态。

提 示

按下 Shift+空格键，使输入法处于全角状态，再按两下空格键便可输入空格了。

Step 06 按照步骤 4 的方法可以将正文文字设置为自己喜欢的格式，例如，灰色、4 号、宋体字等，最终完成设置的效果如图 1-10 所示。

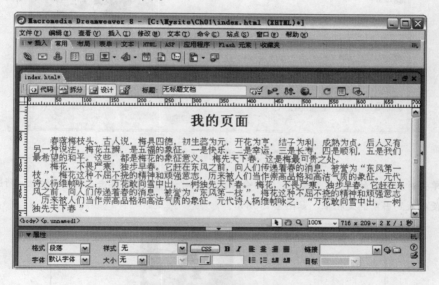

图 1-10　最终完成设置的效果

1.3.2　案例实训 2——插入图像

为页面插入一幅图像，往往会让页面显得更加生动。

在制作网页前可以用 Photoshop、Fireworks 等图像编辑工具处理或制作一些图像，并将图像存放在本地站点的 IMAGES 文件夹下，这样在网页制作时可方便图像的使用。为提高主页下载速度，可将图像存为 .gif 或 .jpg 格式。具体操作步骤如下：

> **实讲实训 多媒体演示**
> 多媒体演示参见配套光盘中的\\视频\第1章\插入图像.avi。

Step 01 确定图像插入的位置。将光标定位在标题段落中，如图 1-11 所示。

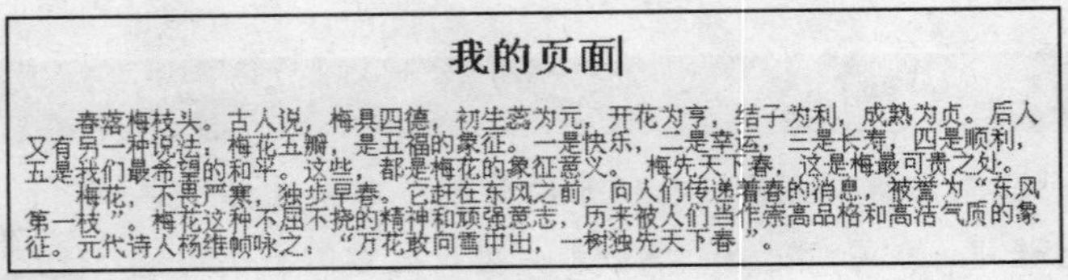

我的页面
春落梅枝头。古人说，梅具四德，初生蕊为元，开花为亨，结子为利，成熟为贞。后人又有另一种说法：梅花五瓣，是五福的象征。一是快乐，二是幸运，三是长寿，四是顺利，五是我们最希望的和平。这些，都是梅花的象征意义。梅先天下春，这是梅最可贵之处。
梅花，不畏严寒，独步早春。它赶在东风之前，向人们传递着春的消息，被誉为"东风第一枝"。梅花这种不屈不挠的精神和顽强意志，历来被人们当作崇高品格和高洁气质的象征。元代诗人杨维帧咏之："万花敢向雪中出，一树独先天下春"。

图 1-11　确定图像插入的位置

Step 02 在文档窗口的菜单栏中选择"插入"|"图像"选项。

Step 03 在弹出的对话框中，选择 IMAGES 文件夹下的 MEIH.JPG 图像，如图 1-12 所示。

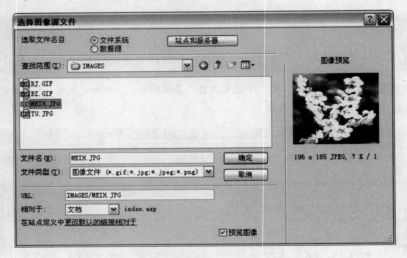

选择图像源文件
选取文件名自
文件系统
数据源
站点和服务器...
查找范围(I): IMAGES
BJ.GIF
BZ.GIF
MEIH.JPG
TU.JPG
文件名(N): MEIH.JPG
确定
文件类型(T): 图像文件 (*.gif;*.jpg;*.jpeg;*.png)
取消
URL: IMAGES/MEIH.JPG
相对于: 文档 index.asp
在站点定义中更改默认的链接相对于
预览图像
图像预览
196 x 165 JPEG, 7 K / 1

图 1-12　选择需要插入的图像文件

Step 04 单击对话框中的"确定"按钮，之后会弹出一个对话框。直接单击"确定"按钮，所选择的图像便插入到当前的文档中，如图 1-13 所示。

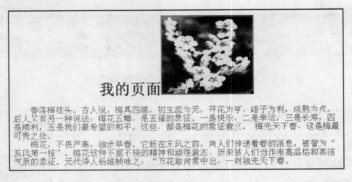

我的页面
春落梅枝头。古人说，梅具四德，初生蕊为元，开花为亨，结子为利，成熟为贞。后人又有另一种说法：梅花五瓣，是五福的象征。一是快乐，二是幸运，三是长寿，四是顺利，五是我们最希望的和平。这些，都是梅花的象征意义。梅先天下春，这是梅最可贵之处。
梅花，不畏严寒，独步早春。它赶在东风之前，向人们传递着春的消息，被誉为"东风第一枝"。梅花这种不屈不挠的精神和顽强意志，历来被人们当作崇高品格和高洁气质的象征。元代诗人杨维帧咏之："万花敢向雪中出，一树独先天下春。

图 1-13　插入图像

Step 05 设置图像对齐方式。当图像处于选中（图像周围出现选择手柄）状态时，在文档窗口的菜单栏中选择"窗口"|"属性"选项，打开图像的"属性"面板。在"对齐"下拉列表框中选择"右对齐"方式，这时图像和文字进行了混排，如图 1-14 所示。

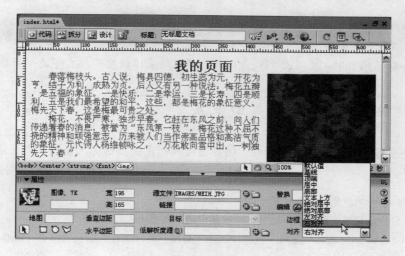

图 1-14　图像同文字右对齐

Step 06 如果觉得图像和文字排得太挤，也可以设置图像和文字间的距离。在"属性"面板的"垂直边距"文本框中输入8，按下回车键，图的上侧和下侧将各出现8像素的间距。同样，也可以在"水平边距"框中输入适当的数值，使图的左侧和右侧也与文字有一定的间距，如图1-15所示。

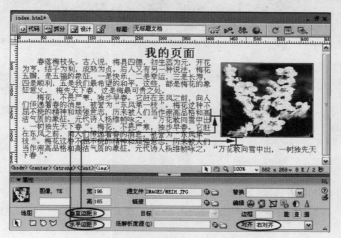

图 1-15　设置图像与文字的间距

Step 07 设置替换文字。因为某些原因网页可能无法显示图片，有替换文字的图片此时就会在图片区域把替换文字显示出来。参数设置如图1-16所示。

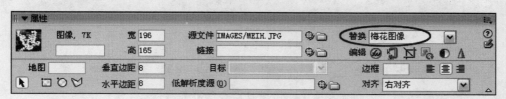

图 1-16　设置替换文字

提 示

在设计和制作网页时，要多为浏览者考虑，养成给图像设置替换文字的好习惯。

1.3.3 案例实训 3——页面设置

本实例主要练习如何设置页面属性、创建链接和指定链接目标，使网页真正活起来。具体操作步骤如下：

Step 01 用 Dreamweaver 8 打开光盘中的 ch01\index.html 文件。

Step 02 选中需要加超链接的文本，这里选择段落中的"元代诗人"4 个字。

Step 03 选择"窗口"|"属性"选项，打开"属性"面板。在"属性"面板中单击"链接"列表框右侧的"浏览文件"图标。

Step 04 选择 YDSR.html 文件作为被链接的文件。

Step 05 在"目标"下拉列表框中选择"_blank"，表示链接页面在一个新窗口中打开。

技 巧

在网页 HTML 源文件的<head>和</head>之间的空白处单击，输入：

```
<style tmpe="textless">
<!--
a {text-decoration:none}
-->
</style>
```

保存后退出，即可去除链接的下划线。如果将其中的 none（不显示）替换成 underline，就是显示下划线。

Step 06 按下 Ctrl+J 组合键或选择"修改"|"页面属性"选项，弹出"页面属性"对话框。

Step 07 在左侧的"分类"框中选择"标题/编码"选项，在右侧的"标题"文本框输入"欢迎到我的网站做客"。

Step 08 在左侧的"分类"框中选择"外观"选项，单击"背景图像"右侧的"浏览"按钮，从弹出的对话框中选择 IMAGES 文件夹下的 BJ.GIF 文件作为背景图像。

技 巧

在源代码中加入如下代码，可以让背景图像不滚动：

```
<body background="bj.gif" bgproperties="fixed">
```

其中，"bj.gif"为所指定的背景图像，使用时需要注意其路径。

Step 09 单击"确定"按钮。按 F12 键预览页面，在浏览器中可以看到刚才输入的标题显示在标题栏中，页面背景也被替换了。最终浏览效果如图 1-17 所示。

图 1-17 浏览效果

1.4 习题

一、选择题

1. 下面关于 Dreamweaver 8 的说法不正确的是_____。

   A. Dreamweaver 8 是专业网页设计、网站管理、网页可视化编程的解决方案

   B. 选择"窗口"|"属性"选项，可以打开"属性"面板（或称属性检查面板）

   C. 通过网站链接的检查命令，不能准确、全面地修改整个网站中所有的错误和断开的链接

   D. 使用 Dreamweaver 8 的"查找和替换"选项，可以完成"当前文档"、"整个当前本地站点"以及某个文件夹范围的文档的查找与替换操作

2. Dreamweaver 8 是用于_____的软件。

   A. 制作网页   B. 制作网页动画

   C. 绘制网页图片   D. 排版

3. 下列启动 Dreamweaver 8 的操作方法正确的是_____。

   A. 执行"开始"|"程序"|Macromedia 命令

   B. 执行"开始"|"程序"|Macromedia | Macromedia Dreamweaver 8 命令

   C. 执行"开始"|"程序"|Macromedia | Dreamweaver 8 命令

   D. 执行"开始"|"程序"|Dreamweaver 8 命令

4. 在 Dreamweaver 8 中，如果要设置页面属性，应该选择_____菜单中的选项。

   A. "文件"   B. "编辑"

   C. "命令"   D. "修改"

二、简答题

1．简述 Dreamweaver 8 软件以及其生产公司。

2．简述可以使光标定位到下一段的按键。

三、操作题

1．启动 Dreamweaver 8，新建一个未命名的空白文档。

2．在上面新建的空白文档中插入文字和图像。

Chapter

创建与规划站点

本章中所涉及的素材文件，可以参见配套光盘中的\\Mysite\ch02。

基础知识
- ◆ 站点规划的概念
- ◆ 站点规划的方法

重点知识
- ◆ 站点的组成
- ◆ 定义站点

提高知识
- ◆ 编辑站点
- ◆ 复制站点
- ◆ 删除站点

2.1 站点规划的概念

在 Dreamweaver 8 中，"站点"可以指定到因特网服务器的远程站点上，也可以指定到位于本地计算机的本地站点上。一般来说，网站的创建应该从站点规划和定义本地站点开始。所谓本地站点，就是指定本地硬盘中存放远程站点所有文档的文件夹。当开始考虑创建 Web 站点时，为了确保站点运行成功，应该按照一系列的规划步骤来进行。即使创建的仅仅是个人主页，也要仔细规划站点。通过仔细的规划不仅可以缩短开发时间，还可以使站点更易于管理。建立网站通常的做法是：在本地硬盘上建立一个文件夹，用来存放网站中的所有文件，然后在该文件夹中创建和编辑网站文档；待网站页面设计完毕和测试通过后，再把其连同站点的目录结构一同上传到远程网站（互联网）上，即可供他人浏览。

2.2 站点规划的方法

做任何性质的网站，对网站进行合理的规划都要放到第一步，因为这步操作直接影响到一个网站的功能是否完善、结构是否合理，能否达到预期的目的等。

规划网站一般需要从 3 个方面去思考，即网站的主题、网站的内容和网站的对象。但这 3 个方面又是相互影响和相互作用的，相互关系如图 2-1 所示。

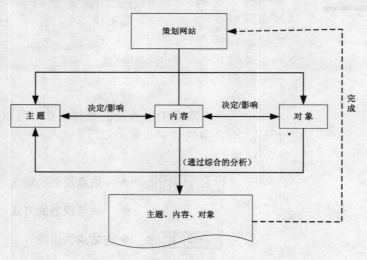

图 2-1 网站 3 个方面的相互关系

2.2.1 网站的主题

创建网站时，需要为网站选择一个较好的题材和标题。网站主题的定位通常是由所要创建网站的目标、性质以及该网站的浏览对象所决定；还有一点就是个人爱好，这也是创建网站的最终动力所在。主题确定后，才知道接下去要做些什么。网站主题逻辑图如图 2-2 所示。

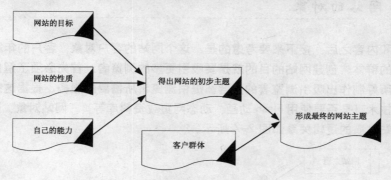

图 2-2　网站主题逻辑图

1．网站的题材

制作一个网站，首先面临的问题是内容和题材的选择。现在网络上常见的题材有：古典音乐、在线教程、科幻小说、文学名著、美容保健、国画画廊、象棋世家、能吃是福、超级图书馆等。

2．网站的标题

如果题材已经确定，就可以围绕题材给网站起一个名字，即网站的标题。网站标题也是网站设计很关键的一部分。例如，"电脑学习室"和"电脑之家"显然是后者简练；"迷笛乐园"和"MIDI 乐园"显然是后者明晰；"儿童天地"和"中国幼儿园"显然是后者大气。和现实生活中一样，网站名称是否正气、响亮、易记，对网站的形象和宣传推广也有很大影响。

2.2.2　网站的内容

网站最重要的部分是内容，再漂亮的网站如果内容空洞，那么也只是虚有其表而已，绝对不会让人留恋的。可以列几张清单，先把自己现有、能够提供或想要提供的内容列出来，再把觉得网站浏览者会喜欢、需要的内容列出来，最后再考虑实际制作技术上的能力。反复比较和权衡后，对网站的内容加以精简，就可以知道网站要放哪些东西了。网站内容逻辑关系如图 2-3 所示。

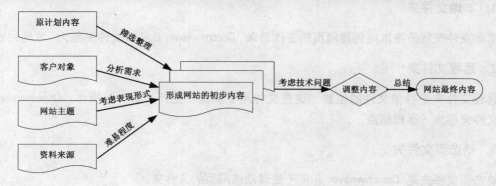

图 2-3　网站内容逻辑图

2.2.3 网站的对象

有了主题和内容之后，接下来要考虑的是：这个网站的客户对象、客户的年龄层次以及是否是某一特殊的群体。创建网站的目的就是要吸引更多的浏览者，首先必须了解自己的客户对象，才能投其所好制作出吸引浏览者的内容、提供浏览者所需要的服务，根据这些服务决定该使用哪些网页技术（是否要使用 Flash 动画、动态网页或资料库等）。网站对象、网站主题、网站内容以及网站性质的逻辑关系如图 2-4 所示。

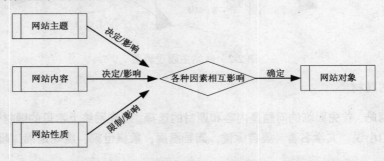

图 2-4 网站对象、网站主题、网站内容以及网站性质逻辑关系图

2.3 创建本地站点

首先需要为所开发的每个网站设置一个站点。通过这个站点可以组织文件，利用 FTP 和 Dreamweaver 8 将站点上传到 Web 服务器上，可以自动跟踪、维护链接、管理以及共享文件。但只有先定义站点，才能充分利用 Dreamweaver 8 的这些功能。

2.3.1 站点组成

Dreamweaver 8 站点由 3 部分组成，具体内容取决于环境和所开发的 Web 站点类型。

1. 本地文件夹

本地文件夹就是在本地创建网页的工作目录。Dreamweaver 8 将该文件夹称为"本地站点"。

2. 远程文件夹

远程文件夹是存储文件的位置，这些文件用于测试、生产、协作等操作。Dreamweaver 8 将该文件夹称为"远程站点"。

3. 动态页文件夹

动态页文件夹是 Dreamweaver 8 用于处理动态网页的文件夹。

2.3.2　课堂实训1——定义站点

在定义站点时，可以完整地设置一个Dreamweaver 8站点（包含本地文件夹、远程文件夹和动态页文件夹），或者仅设置本地文件夹。在具体的操作过程中，当使用到远程文件夹或动态页文件夹时再设置也是可以的。

实讲实训
多媒体演示

多媒体演示参见配套光盘中的\\视频\第2章\静态站点.avi。

有两种设置Dreamweaver 8站点的方法：使用"站点定义向导"，逐步完成设置站点的过程；也可以选择"站点定义"对话框的"高级"选项卡，根据需要来设置本地信息、远程信息和测试服务器等选项。

提 示

建议不熟悉Dreamweaver 8的用户使用"站点定义向导"；有经验的Dreamweaver 8用户可根据喜好使用"高级"选项卡有选择地进行设置。

下面就介绍利用"站点定义向导"定义一个"静态"站点，具体步骤如下：

Step 01 选择"站点"｜"新建站点"选项，或者选择"站点"｜"管理站点"选项，在弹出的"站点管理"对话框中单击"新建"按钮，弹出对话框，在"基本"选项卡的站点名称输入框中输入所要创建站点的名称，如图2-5所示。

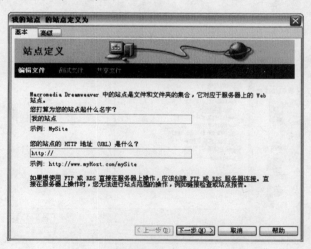

图2-5　设置站点名称

提 示

站点名称是站点的标识，站点名称可由各种字符组成，除了"\"、"/"、":"、"*"、"?"、"<"、">"、"|"字符。

Step 02 输入站点名称后，单击"下一步"按钮，在弹出的是否使用服务器技术对话框中，根据自己所制作网页的类型，确定是否使用服务器技术。在此制作静态页面，因此不使用服务器技术，如图 2-6 所示。

Step 03 单击"下一步"按钮，在弹出的设置站点文件夹对话框中，选择或输入一个本地文件夹作为"本地站点文件夹"，如图 2-7 所示。

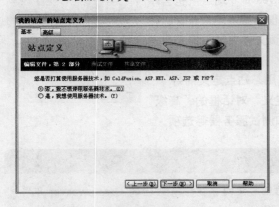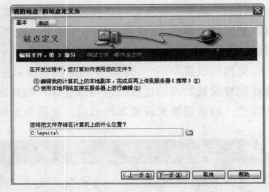

图 2-6 选择是否使用服务器　　　　　图 2-7 设置本地站点文件夹

提示

在所输入的路径中包含的文件夹，必须在本地磁盘中存在，否则本向导将不允许通过。也可单击该对话框中的"创建新文件夹"按钮，新建一个本地站点文件夹，如图 2-8 所示。

图 2-8 新建本地站点文件夹

Step 04 选择了本地站点文件夹后，单击该对话框中的"下一步"按钮，进入设置是否与远程服务器相连的对话框，在这里选择"无"，设置为不与远程服务器相连，如图 2-9 所示。

Step 05 单击"下一步"按钮，便会显示在站点定义向导中所选择设置的详细报告，如果感觉满意，单击"完成"按钮，完成本网站的创建，如图 2-10 所示；否则单击"上一步"按钮重新修改各项设置。

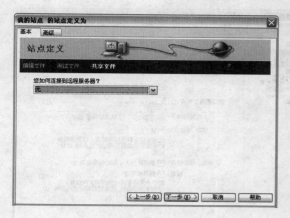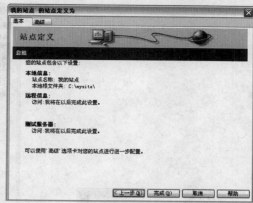

图 2-9　设置为不与远程服务器相连　　　　　图 2-10　完成本网站的创建

^{Step}
06 完成本地站点的创建后的结果如图 2-11 所示。

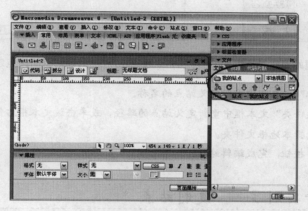

图 2-11　创建本地站点后的视图

2.4　站点的基本操作

本节要讲述的站点基本操作包括编辑站点、复制站点以及删除站点等。

2.4.1　课堂实训 2——编辑站点

如果对所创建的站点不满意，可以随时进行编辑操作，例如，修改站点的名称、更改站点的本地根文件夹等。编辑站点的具体操作步骤如下：

^{Step}
01 选择"站点"｜"管理站点"选项，弹出"管理站点"对话框，如图 2-12 所示。

^{Step}
02 选择要编辑的站点，如"测试站点"。单击"编辑"按钮，选中"测试站点的站点定义为"对话框的"高级"选项卡，如图 2-13 所示。

图 2-12　"管理站点"对话框　　　　　图 2-13　"测试站点的站点定义为"对话框

Step 03 在"站点名称"文本框中重新定义站点的名称。

Step 04 在"本地根文件夹"文本框中重新定义站点的路径，或单击该文本框右侧的 按钮，打开对话框，可重新选择本地根文件夹。

Step 05 单击"确定"按钮，完成编辑站点。

2.4.2　课堂实训 3——复制站点

在 Dreamweaver 8 中，如果同一个站点需要两个或更多，可通过复制站点的操作达到目的，而无需重新创建站点，步骤如下：

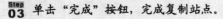

Step 01 选择"站点"｜"管理站点"选项，弹出"管理站点"对话框。

Step 02 在对话框中选择要复制的站点，如"测试站点"，单击"复制"按钮，即可复制一个相同的站点，并在原名称的后面显示"复制"字样，如图 2-14 所示。

图 2-14　复制站点

Step 03 单击"完成"按钮，完成复制站点。

2.4.3　课堂实训 4——删除站点

如果 Dreamweaver 8 中的某个站点已经没有用了，可以将其删除，具体步骤如下：

Step 01 选择"站点"｜"管理站点"选项，弹出"管理站点"对话框。

Step 02 选择要删除的站点，如"测试站点"。单击"删除"按钮，即可将"测试站点"从 Dreamweaver

8 删除。

Step 03 单击 "完成" 按钮，完成删除站点操作。

注 意

所谓删除站点，只是从 Dreamweaver 8 删除本站点的一些信息。与通常所说的删除不一样，本地站点文件夹中的文件并没被删除。

2.5 案例实训——搭建动态网站服务器

动态网站中电子商务、虚拟社区等是靠网站上的互动技术来吸引顾客的。创建动态网站的第一步就是搭建动态网站的服务器环境。本案例主要是搭建动态网站服务器。

动态网站中数据库是必不可少的。Dreamweaver 8 最强大的功能就是在编辑网页时可以实时显示数据库内容。不过要实现此功能，必须配合使用应用程序服务器才行，例如，ASP、JSP 或 Cold Fusion。在这里以使用 ASP 为例。要使用 ASP，必须安装支持 ASP 的网站服务器，例如，IIS（Internet Information Server，因特网信息服务器）或 PWS（Personal Web Server，个人网页服务器）。二者的区别就是 IIS 能用于 Windows 98 以上版本，而 PWS 只适用于 Windows 95/98。因此本书中采用的是 IIS 应用程序服务器。

1. 安装 IIS

安装 IIS 的具体操作步骤如下：

Step 01 启动计算机后，打开 "控制面板" 窗口，并在 "控制面板" 窗口中双击 图标，如图 2-15 所示。

图 2-15 "控制面板" 窗口

Step 02 在弹出的 "添加或删除程序" 对话框中选择 "添加/删除 Windows 组件(A)" 选项，如图 2-16 所示。

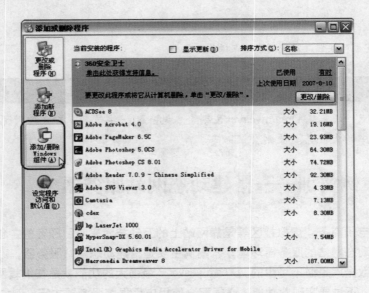

图 2-16 "添加或删除程序"对话框

Step 03 系统会查找 Windows 组件并弹出 "Windows 组件向导"对话框,如图 2-17 所示。

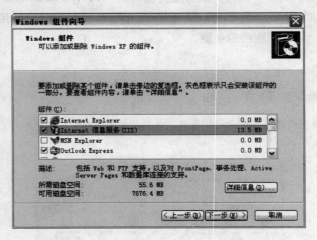

图 2-17 "Windows 组件向导"对话框

Step 04 在 "组件"列表框中选择 "Internet 信息服务(IIS)"选项,单击 "下一步"按钮。

Step 05 按照提示插入 Windows 2000 或 Windows XP 的安装光盘并单击 "确定"按钮,系统会自动安装这项服务。

Step 06 选择 "控制面板"经典视图中的 "管理工具" | "Internet 信息服务"选项,即可弹出 "Internet 信息服务"对话框,如图 2-18 所示。

 提 示

为确保网站中的动态页面正确运行,最好将 Internet 信息服务下所有项目的服务都启动。

图 2-18 Internet 信息服务

2. 启动 IIS

在图 2-18 中，选择"默认网站"选项，单击"启动项目" ▶ 按钮，即可启动 IIS。

3. 定义一个"动态"站点

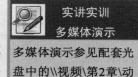

实讲实训
多媒体演示

在本章前面介绍了使用"站点定义向导"定义"静态"站点的方法，下面就来练习如何使用"高级"选项卡定义"动态"站点。

使用"高级"选项卡定义的"动态"站点能够实现交互页面的测试和预览，而前面使用"站点定义向导"定义的"静态"站点则不能实现此功能。具体步骤如下：

多媒体演示参见配套光盘中的\\视频\第2章\动态站点.avi。

Step 01 设置虚拟目录。

（1）在本地磁盘 "C:\" 下新建一个 site 文件夹作为本地站点的根文件夹。

（2）设置 web 共享。找到 "C:\site" 文件夹，选中并右击该文件夹，从弹出的快捷菜单中选择"共享和安全"选项。在打开的 "site 属性"对话框中，选择"Web 共享"选项卡，如图 2-19 所示。

（3）设置"编辑别名"对话框。选中"共享文件夹"单选按钮，在弹出的"编辑别名"对话框中将"别名"设置为 site；在"访问权限"中选择"读取"；在"应用程序权限"中选择"脚本"，如图 2-20 所示。最后单击"确定"按钮关闭对话框，便完成了定义动态站点的准备工作。

图 2-19 设置 Web 共享

图 2-20 设置"编辑别名"对话框

Step 02 进入"高级"选项卡。

（1）选择"站点"｜"新建站点"选项，选择"站点定义"对话框中的"高级"选项卡。

（2）从"分类"列表框中选择"本地信息"（默认选项）选项，如图2-21所示。

Step 03 设置"本地信息"的各参数（见图2-22）。

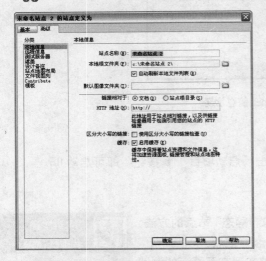

图2-21　选择"高级"选项卡中的"本地信息"选项　　　　图2-22　完成本地信息参数的设置

- 站点名称　为网站起一个名字，这个名字只在本地起识别作用，与网站发布后真实的名字无关，例如，这里的名字是"测试站点"，而实际上网站可叫"客户网站"。
- 本地根文件夹　设置网站在本地硬盘的位置，单击后面的文件夹图标可以选择硬盘的任意目录作为存放网站文件的目录。在这里选择C盘中的site文件夹。
- 默认图像文件夹　该项是为Dreamweaver 8在使用外部图像时，制定一个"默认图像文件夹"，如在设计页面的时候，随意地从桌面或其他地方拖入一幅图像到当前的文档中，则Dreamweaver 8自动将该图像保存到所选择的"默认图像文件夹"中。建议该文件夹使用本地站点文件夹内的文件夹，这样便于管理。在本站点中选择"C：\site\images"文件夹。
- 缓存　建立缓存可以使文件的移动、更名、查找等站点管理操作速度大大加快，因此建议选中此复选框。

Step 04 设置"测试服务器"的各参数（见图2-23）。

- 服务器模型(M)　选择ASP VBScript。
- 访问(A)　设置服务器的访问类型，在这里选择"本地/网络"。
- 测试服务器文件夹　输入存放网站源代码的根目录。在这里选择使用过的本地根文件夹"C：\site\"。
- URL前缀　这里指虚拟目录"http：//localhost/site/"。

 提 示

其中"测试服务器文件夹"一定要和"URL前缀"中所指定的文件夹一致，即已被设置为虚拟目录的文件夹，否则该动态站点中文件不能预览成功。

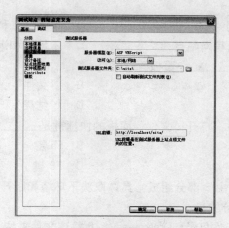

图 2-23　设置测试服务器各参数

Step 05　显示结果。

　　完成上述参数设置后，单击"确定"按钮。所定义的
站点名称"测试站点"已经出现在"文件"面板中，如图 2-24
所示。因为是刚刚新建的一个空站点，所以本地目录还是
一片空白。

4．测试站点

　　到现在服务器环境已经搭建完毕，检测服务器环境是
否正确最好的办法就是，在服务器上运行一个的 ASP 页
面。具体步骤如下：

图 2-24　设置参数后的"文件"面板

Step 01　将 ch02\ test.asp 文件复制到 C:\site 文件夹中，并使用 Dreamweaver 8 打开 test.asp。

Step 02　单击浏览器中"预览/调试" 按钮，或者按 F12 键在浏览器中运行 test.asp 页面。出现如图 2-25
所示的成功页面。若浏览器提示找不到服务器，则需重新搭建 ASP 服务器。

图 2-25　成功页面

2.6　习题

一、选择题

1．在 Dreamweaver 8 中，站点分为＿＿＿＿＿＿。

A．本地网和局域网　　　　　　　　　　B．本地站点和远程站点

C．局域网站点和远程网站点　　　　　　D．本地网和远程网

2．Dreamweaver 8 通过＿＿＿＿＿＿＿面板管理站点。

A．"站点"　　　　　　　　　　　　　　B．"文件"

C．"资源"　　　　　　　　　　　　　　D．"结果"

3．在 Dreamweaver 8 中，打开"文件"面板的快捷键是＿＿＿＿＿＿＿。

A．F2 键　　　　　　　　　　　　　　　B．F5 键

C．F7 键　　　　　　　　　　　　　　　D．F8 键

4．Dreamweaver 8 站点由 3 部分组成，具体取决于环境和所开发的 Web 站点类型，下列内容不属于这 3 部分的是＿＿＿＿＿＿＿。

A．本地文件夹是工作目录，Dreamweaver 8 将该文件夹称为"本地站点"

B．远程文件夹是存储文件的位置，这些文件用于测试、生产、协作等，具体取决于环境，Dreamweaver 8 将该文件夹称为"远程站点"

C．虚拟目录

D．动态页文件夹是 Dreamweaver 8，处理动态页的文件夹

5．若要编辑 Dreamweaver 8 站点，可采用的方法是＿＿＿＿＿＿＿。

A．选择"站点"｜"管理站点"选项，选择一个站点，单击"编辑"按钮

B．在"文件"面板中，切换到要编辑的站点窗口中，然后双击其中的文件

C．选择"站点"｜"打开站点"选项，然后选择一个站点

D．在"属性"面板中进行站点的编辑

6．若要在 Dreamweaver 8 中生成 Web 应用程序，下列不需要的软件为＿＿＿＿＿＿＿。

A．Web 服务器或者兼具应用程序服务器功能的 Web 服务器，例如，Microsoft PWS 或 IIS

B．数据库或数据库系统

C．支持数据库的数据库驱动程序

D．FTP

二、简答题

1．简述规划网站的方法。

2．简述使用"高级"选项卡定义站点的步骤。

3．简述常见的 Web 服务器类型以及对 Web 服务器的理解。

三、操作题

1．创建一个名为 site 的动态站点，设置其对应的文件夹为 C:\site，复制光盘中的源码并将其作为站点的网页存放在 site 文件夹下。

2．使用 Dreamweaver 8 打开 site 文件夹下的页面，并运行。查看浏览器地址栏中的内容有何特点。

Chapter 3

文本及其格式化

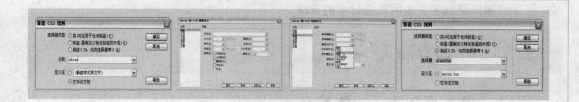

本章中所涉及的素材文件，可以参见配套光盘中的\\Mysite\ch03。

基础知识 ◆ 输入普通文本

重点知识 ◆ 插入符号、空格和日期

◆ 使用项目列表

提高知识 ◆ CSS 样式的创建及编辑

◆ CSS 样式的应用与删除

3.1 文本及其格式化概述

文本就是网页中的文字和特殊字符。互联网之初，流量比较小，传输大文件往往需要花费太多的时间，因此当时几乎所有的网页内容都是文本，以此来缩短浏览网页的等候时间。由此可见，文本是表达网页内容的一种重要元素，是其他诸如图片、动画等元素不可替代的。

文本的格式化就是对文本的格式进行设置。在这一方面，Dreamweaver 8 跟普通文字处理软件（如微软 Office 系列的 Word 软件等）一样，可以对网页中的文字和字符进行格式化处理。如设置文本为标题、段落、列表等格式，改变文本的字体、大小、颜色、对齐方式及加粗文本，使文本倾斜，为文本加下划线等。

最初在制作网页的时候，需要对多处文本做相同的格式设置，这样就造成了重复的劳动，因此提出了样式的概念。简单来说，样式就是设置文本的一个或一组格式。

随着网站内容的不断丰富，网页上的图像、动画、字幕以及其他控件的不断增加，使用纯HTML 语言制作网页已显得力不从心。1996 年底，CSS 应运而生，很好地补充了 HTML 语言不能解决的一些问题。

CSS（Cascading Style Sheets，层叠样式表）是专门用来进行网页元素定位和格式化的。在网页设计中，特别是中文网页设计中，CSS 的使用非常广泛，其良好的兼容性、精确的控制方法、更少的编码受到了更多网页设计者的青睐。

3.2 文本的输入

3.2.1 课堂实训 1——输入文本

输入文本有两种方法：

- 直接在文档窗口中输入文本。即先选择要插入文本的位置，然后直接输入文本。
- 在其他编辑器中复制已经生成的文本，然后切换到Dreamweaver 8 文档窗口中，将选取插入点，然后选择"编辑"│"粘贴"选项。

实讲实训
多媒体演示

多媒体演示参见配套光盘中的\\视频\第3章\输入文本.avi。

如果要在文本中另起一个段落，可以按回车键。如果只是想使文本另起一行，则应该按Shift+Enter 组合键。

3.2.2 课堂实训 2——插入符号

在页面中插入符号，具体操作步骤如下：

实讲实训
多媒体演示

多媒体演示参见配套光盘中的\\视频\第3章\插入符号.avi。

Step 01 将光标停留在需要插入符号的位置（"版权符号"的右侧单元格内），即确定插入点，如图 3-1 所示。

Step 02 选择文档窗口菜单栏中的"窗口"｜"插入"选项，打开"插入"工具栏（再次选择此选项可隐藏"插入"工具栏）。

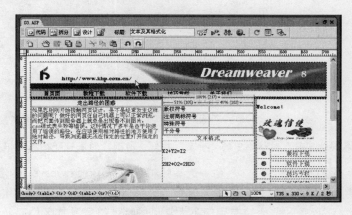

图 3-1 确定插入点

Step 03 进入"插入"工具栏上的"文本"面板。

Step 04 在"文本"面板中单击"字符"按钮右侧的下拉箭头，在弹出的菜单中选择"版权"选项©，如图 3-2 所示。

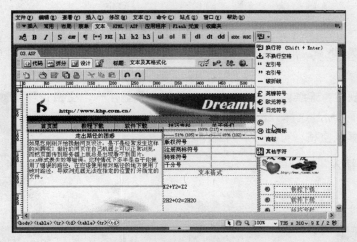

图 3-2 "字符"下拉菜单

Step 05 按照相同的方法，在"注册商标符号"右边的单元格内单击，在"字符"下拉菜单中选择"注册商标"选项®。

Step 06 将光标置入"特殊符号"右边的单元格内单击，在"字符"下拉菜单中选择"其他字符"选项。

Step 07 此时，弹出"插入其他字符"对话框，如图 3-3 所示，在其中单击 ƒ 作为插入的对象。

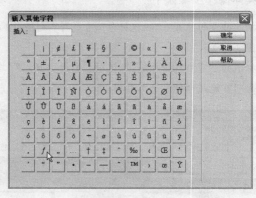

图 3-3 "插入其他字符"对话框

Step 08 单击"插入其他字符"对话框中的"确定"按钮，所选择的字符即插入到相应的位置。

有时需要☆、※、○、◇、□、△和→之类的符号，而 Dreamweaver 8 没有提供这些特殊符号，这时可以使用区位码或其他标准输入法输入。输入的方法是：先按 V 键，然后直接加数字，如 V1，V2 等，下面是一些比较有用但不太常见的特殊符号及其区位码：

〖：a1ba　　〗：a1bb　　〘：a1bc　　〙：a1bd　　〔：a1be　　〕：a1bf

⊙：a1d1　　∵：a1df　　♂：a1e1　　♀：a1e2　　☆：a1ee　　★：a1ef

●：a1f1　　◎：a1f2　　◇：a1f3　　◆：a1f4　　□：a1f5　　■：a1f6

△：a1f7　　▲：a1f8　　※：a1f9　　▅：a1fe

3.2.3 课堂实训 3——插入空格

在 HTML 中规定，连续输入多个空格将被忽略，只显示一个空格（<pre>标签内的除外）。这样，如果要输入多个空格的话就成了问题。

要在文档中插入空格，可执行下列操作之一：

实讲实训
多媒体演示

多媒体演示参见配套光盘中的\\视频\第3章\插入空格.avi。

- 选择"插入"｜"HTML"｜"特殊字符"｜"不换行空格"选项。
- 直接按 Ctrl ＋ Shift ＋Space 组合键。

提 示

以上两种方法所插入的空格字符可能不会显示出来，但在浏览器中却可以看到空格。所以建议使用下面的方法：把中文输入法切换到全角模式，输入一个全角的空格。

技 巧

在网页 HTML 源文件的<head>和</head>之间的空白处单击，输入：

`<meta http-equiv="Content-Type" content="text/html; charset=gb2312">`

保存后退出，这样就可以强制浏览者用 GB 码来查看网页了，只要浏览者的计算机安装了相关的 IE 字符包就能正常显示 GB 码。如果想显示的是 BIG5 码，只要把 gb2312 替换成 BIG5就行了。

3.2.4　课堂实训 4——插入日期

在有的网页中会看到有日期显示。Dreamweaver 8 提供了一个插入日期的对象，利用这个日期对象，可在文档中插入当前时间；同时 Dreamweaver 8 还提供了日期更新选项，当保存文件时，日期也随着更新。在文档中插入日期的步骤如下：

实讲实训
多媒体演示

多媒体演示参见配套光盘中的\\视频\第3章\插入日期.avi。

Step 01 在文档窗口中，将插入点放置到要插入日期的位置。

Step 02 选择"插入"|"日期"选项，或者单击"插入"工具栏中"常用"
面板上的"日期" 🗓 按钮，弹出"插入日期"对话框，如图 3-4 所示。

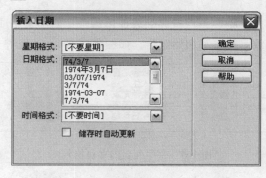

图 3-4　"插入日期"对话框

Step 03 选择一种日期格式，然后单击"确定"按钮，即完成插入日期的操作。

3.3　创建项目列表

从总体上分，HTML 有两种类型的项目列表：一种是无序项目列表；另一种是有序项目列表。从功能上分，有定义列表、目录列表和菜单列表。无序项目列表使用项目符号来标记项目，有序项目列表则使用编号来标记项目顺序。

在 Dreamweaver 8 中，允许设置多种项目列表格式。

3.3.1 项目列表的类型

在 HTML 中,可以创建的列表有:无序列表、有序列表、定义列表、目录列表和菜单列表。下面分别对这几种列表进行说明。

1.无序列表

在无序列表中,各个列表项之间没有顺序级别之分,无序列表通常使用一个项目符号作为每条列表项的前缀。在 HTML 中,有 3 种类型的项目符号:球形、环形和矩形。图 3-5 显示了这几种不同的项目符号。

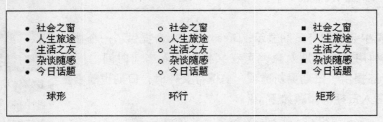

图 3-5　无序列表的项目符号

2.有序列表

有序列表同无序列表的区别在于:有序列表使用编号,而不是用项目符号来编排项目。对于有序编号,可以指定其编号类型和起始编号,如图 3-6 所示。

图 3-6　有序列表的项目符号

3.定义列表

定义列表也称作字典列表,因为其与字典具有相同的格式。在定义列表中,每个列表项带有一个缩进的定义字段,就好像字典中对文字进行解释一样。

4.目录列表和菜单列表

目录列表通常用于设计一个窄列的列表,用于显示一系列的列表内容,例如,字典中的索引或单词表中的单词等。在列表中每项最多只能有 20 个字符。

菜单列表通常用于设计单列的列表内容。

一般来说,不建议使用目录列表和菜单列表,而是应该使用标准的无序列表替换目录列表和菜单列表。

3.3.2　课堂实训5——使用项目列表

使用项目列表，具体步骤如下：

实讲实训
多媒体演示

多媒体演示参见配套光盘中的\\视频\第3章\使用项目列表.avi。

Step 01 选中要转换为项目列表的所有段落。

Step 02 单击"属性"面板上的"项目列表" ≣ 按钮或"编号列表" ≣ 按钮；也可以选择"文本"|"列表"选项，再选择相应的"项目列表"或"编号列表"选项。

Step 03 这时被选中的段落文字就被转换为相应的形式。

3.3.3　课堂实训6——创建嵌套项目列表

要实现多级项目列表的形式，具体步骤如下：

Step 01 选中要嵌入的列表项，如果有多行希望嵌套，就选中多行。

Step 02 单击"属性"面板上的"文本缩进" ≣ 按钮，如图3-7所示；或者选择"文本"|"缩进"选项。

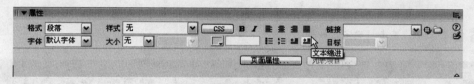

图3-7　"文本缩进"按钮

3.3.4　课堂实训7——设置项目列表属性

通过设置项目列表的属性，可以选择项目列表的类型和项目列表中项目符号的样式等。设置项目列表属性的步骤如下：

Step 01 将光标放置在设置属性的项目列表中的任意位置。

Step 02 选择"文本"|"列表"|"属性"选项，此时，弹出如图3-8所示的对话框。

图3-8　"列表属性"对话框

Step 03 单击"列表类型"下拉列表框，可以选择列表类型。该选择将影响插入点所在位置的整个项目列表的类型。通常有如下 4 种选择：

- 项目列表　生成的是带有项目符号式样的无序列表。
- 编号列表　生成的是有序列表。
- 目录列表　生成目录列表，用于编排目录。
- 菜单列表　生成菜单列表，用于编排菜单。

Step 04 在"样式"下拉列表中，可以选择相应的项目列表样式。该选择将影响插入点所在位置的整个项目列表中项目符号的样式。样式如下：

- 默认样式为球形。
- 正方形样式为正方形。

Step 05 如果前面选择的是编号列表，则在"开始计数"文本框中，可以输入有序编号的起始数字。该输入将使插入点所在位置的整个项目列表的第一行重新编号。

Step 06 在"新建样式"下拉列表中，允许为项目列表中的列表项指定新的样式，这时从插入点所在行及其后的行都会使用新的项目列表样式。

Step 07 如果前面选择的是编号列表，在"重设计数"文本框中，可以输入新的编号起始数字。这时从插入点所在行开始以后的各行，会从新数字开始编号。

Step 08 设置完毕，单击"确定"按钮。

提　示

也可以通过单击"属性"面板上的"列表项目"按钮来弹出"列表属性"对话框，但必须展开"属性"面板，才可以看到该按钮。

3.3.5　课堂实训 8——属性列表实例

本实例的目的是在 Dreamweaver 8 中设置列表，具体操作步骤如下：

Step 01 打开光盘中的 ch03\03.ASP 文件，将光标置于页面右下角的"教程"文本处。

Step 02 单击"属性"面板上的"项目列表"按钮，如图 3-9 所示。

图 3-9　在"属性"面板中设置无序列表

Step 03 选中"实例教程"，与"教程"同样的方法设置为无序列表，接着单击"属性"面板中的"文本缩进"按钮，让该文本缩进。用同样的方法，对"技巧教程"和"模板教程"段落文本也设置无序编号并缩进文本。

Step 04 选中"综合技巧"、"操作技巧"段落文本，单击"属性"面板上的"编号列表"按钮，如图 3-10

所示。

图 3-10 在"属性"面板中设置有序列表

Step 05 单击"属性"面板中的"文本缩进" 按钮两次，使结果如图 3-11 所示。

Step 06 用同样的方法先对"样式模板"、"页面模板"两个段落进行同样的设置，然后再单击"属性"面板中的"列表项目"按钮 列表项目... ，这时弹出"列表属性"对话框，在"样式"下拉列表中选择"大写字母（A，B，C...）"，如图 3-12 所示。

Step 07 单击"确定"按钮返回，相应的有序列表项目段落文本前的序号就被换成 A，B，C……了，如图 3-13 所示。

图 3-11 项目列表的设计

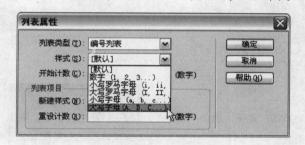

图 3-12 "列表属性"对话框

图 3-13 更改有序列表中的项目符号样式

技 巧

在网页 HTML 源文件的空白处单击，输入：

```
<a href="javascript:window.external.AddFavorite('http://www.sina.com.cn',
%20'新浪网站')">加入收藏夹</a>
```

保存后退出。其中的 http://www.sina.com.cn 替换成自己的主页；"新浪网站"替换成想要的文字说明（将在收藏夹里显示的说明）；"加入收藏夹"也可替换成想要的文字说明或图片链接。

3.4 CSS 样式

CSS 是一系列格式规则。这些规则用来控制网页的外观，包括精确的布局定位、特定的字体和样式等。

CSS 样式可以控制许多 HTML 无法控制的属性。例如，可以指定自定义列表项目符号并指定不同的字体大小和单位（像素、点数等）。通过使用 CSS 样式以像素为单位设置字体大小，能够以更一致的方式在多个浏览器中设置页面布局和外观，还可以控制网页中块级别元素的格式和定位。例如，可以设置边距、边框、其他文本周围的浮动文本等。

本节的实例将完成如图 3-14 所示的数字上下标的效果。

图 3-14 实例效果图

3.4.1 课堂实训 9——新建 CSS 样式

新建 CSS 样式的步骤如下：

Step 01 用 Dreamweaver 8 打开光盘中的 ch03\03.ASP 文件，选择"窗口"|"CSS 样式"选项，打开"CSS 样式"面板。

Step 02 单击"CSS 样式"面板右上角的选项  按钮，从弹出的菜单中选择"新建"选项，弹出如图 3-15 所示的"新建 CSS 规则"对话框。

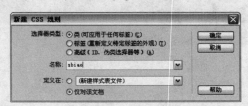

图 3-15 "新建 CSS 规则"对话框

Step 03 将"名称"设置为 sbiao；"选择器类型"设置为"类（可应用于任何标签）"；"定义在"设置为"仅对该文档"。

Step 04 单击"确定"按钮，保存设置，这时可弹出".sbiao 的 CSS 规则定义"对话框，如图 3-16 所示。

Step 05 在"分类"栏中选择"区块"选项，然后在右侧的"垂直对齐"下拉列表中选择"上标"选项，如图 3-17 所示。

Step 06 最后，单击"确定"按钮确定操作。

Step 07 重复前面的操作步骤，再新建一个名称为 xbiao、在"区块"的"垂直对齐"设置为"下标"的 CSS 样式。

Step 08 这时在"CSS 样式"面板中，便可看到新建的样式文件，如图 3-18 所示。

图 3-16 ".sbiao 的 CSS 规则定义"对话框

图 3-17 设置的 CSS 样式

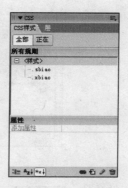

图 3-18 新建的 CSS 样式

3.4.2 课堂实训 10——编辑 CSS 已有样式

要对现有的样式进行编辑，具体操作步骤如下：

Step 01 在"CSS 样式"面板中选择需要编辑的 CSS 样式。

Step 02 右击 CSS 样式，并在弹出的快捷菜单中选择"编辑"选项。

Step 03 选择该选项后，便可打开所选择的样式定义对话框，如图 3-19 所示。

实讲实训
多媒体演示

多媒体演示参见配套光盘中的\\视频\第3章\编辑CSS已有样式.avi。

图 3-19 "CSS 规则定义"对话框

Step 04 在该对话框中，便可对所定义的 CSS 样式进行修改。

3.4.3 课堂实训 11——应用 CSS 样式

应用 CSS 样式的操作很简单，具体操作步骤如下：

实讲实训
多媒体演示
多媒体演示参见配套光盘中的\\视频\第3章\应用CSS样式.avi。

Step 01 选择要运用 CSS 样式的字符，如图 3-20 所示。

Step 02 打开 "CSS 样式" 面板，见图 3-18。

Step 03 右击样面板中的 ".sbiao" CSS 样式，从弹出菜单中选择 "套用" 命令，即可将所选择的 CSS 样式运用到被选择的文本上。

Step 04 选择 "文件" | "在浏览器中预览" | "IExplore 6.0" 选项，即可得到效果，如图 3-21 所示。

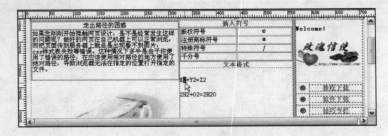

图 3-20　选择字符

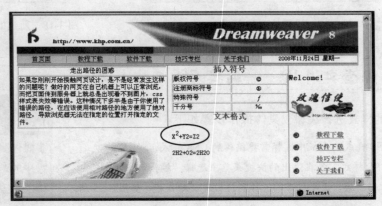

图 3-21　应用样式后的效果

Step 05 返回到 Dreamweaver 8 窗口，按照相同的方法对其余的文本应用相应的 ".sbiao" 和 ".xbiao" CSS 样式。

3.4.4 课堂实训 12——删除 CSS 样式

删除 CSS 样式的操作步骤如下：

Step 01 在 "CSS 样式" 面板中选择要删除的样式文件。

^{Step} **02** 单击 "CSS 样式" 面板中的 "删除" 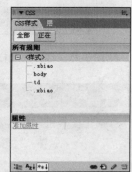按钮，即可完成删除操作。

3.4.5 课堂实训 13——将文档中的样式导出为 CSS 样式文件

前面所建立的 CSS 样式，在 "新建 CSS 规则" 对话框的 "定义在" 选项中选择的是 "仅对该文档" 单选按钮，但这种 CSS 样式只能在本文档中使用，不能在别的文档中使用。如果自己辛苦设计出的 CSS 样式要想在别的文档中也可以使用，就要用到将文档中的样式导出为 CSS 样式文件的操作，这样就可以在多个文档中使用相同的 CSS 样式了。使用 CSS 样式文件的好处是，可保持一个网站的风格统一。

下面就介绍如何将如图 3-22 所示的 "CSS 样式" 面板中的样式导出为样式文件。

具体操作步骤如下：

^{Step} **01** 打开光盘中的 ch03\03b.ASP 文件，选择 "文件" | "导出" | "CSS样式" 选项或选择 "文本" | "CSS 样式" | "导出" 选项。

^{Step} **02** 弹出 "导出样式为 CSS 文件" 对话框，如图 3-23 所示。

^{Step} **03** 在 "导出样式为 CSS 文件" 对话框中，选择所要保存的样式文件夹并输入样式的名称，单击 "保存" 按钮，便可将当前文档中的样式导出为样式文件。

^{Step} **04** 样式随即被保存为 CSS 样式表，出现在所选择的文件夹中，如图 3-24 所示。

图 3-22　"CSS 样式" 面板

图 3-23　"导出样式为 CSS 文件" 对话框

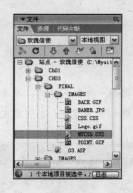

图 3-24　被保存的样式文件

3.4.6 课堂实训 14——运用 CSS 样式文件

导出 CSS 样式后，就可以在别的文件中运用了，具体操作步骤如下：

^{Step} **01** 在文档窗口中打开 "CSS 样式" 面板。

^{Step} **02** 单击 "CSS 样式" 面板右上角的选项按钮，在弹出的菜单中选择 "附加样式表" 选项，如图 3-25

所示。

Step 03 弹出"链接外部样式表"对话框，如图 3-26 所示。

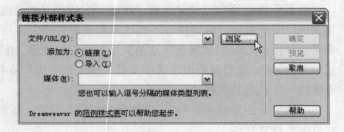

图 3-25　选择附加样式表　　　　　　图 3-26　"链接外部样式表"对话框

 提 示

也可直接单击"CSS 样式"面板中的"附加样式表" 按钮，弹出"链接外部样式表"对话框。

Step 04 在"链接外部样式表"对话框中，可以将添加的样式表设置为"链接"或"导入"两种方式，这里选择"链接"方式。单击"浏览"按钮，弹出"选择样式表文件"对话框，如图 3-27 所示。

提 示

如果站点中的文档比较复杂，建议使用"导入"的方式，这样将样式文件导入到当前文档中，如同在该文档中创建的样式文件一样，不易出现链接错误；相反，如果站点中的文档比较简单，建议使用链接的方式。

Step 05 选择一个样式文件，单击"确定"按钮，样式文件中的样式便出现在"CSS 样式"面板中，具体的使用方法和在当前文档窗口中所建立的样式文件的使用方法一样，如图 3-28 所示。

技 巧

先打开网页的 HTML 源文件，在<head>和</head>之间的空白处单击（不能在<>中单击），输入：

```
<link rel="shortcut icon" href="logo.ico">
```

保存后退出。其中 logo.ico 替换成 ICO 图标文件的路径。最后把网页和 ICO 图标文件一齐上传到网上，不过 ICO 的路径不要变。

这样一来，当别人把你的网页保存到收藏夹的时候，看到的不再是千篇一律的 HTML 文件的图标了。

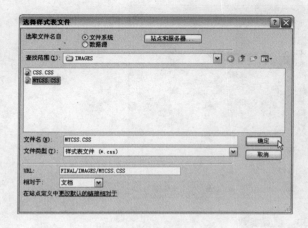

图 3-27　选择样式文件　　　　　　图 3-28　链接样式文件后的"CSS 样式"面板

3.4.7　课堂实训 15——定义宋体 9points 的样式

中文字库和西方语言的字库不一样，熟悉 HTML 的人都知道，HTML 中的 2 号字相当于 10points，而中文字库里没有 10points，这时浏览器便按照"与相近的字号相应放大"的原则进行放大，因此，显示在页面上的 2 号字就是用中文字库里的 9points 放大而显示的。放大显示的文字不够清晰，有像锯齿一样的毛边，此时，使用 CSS 样式定义的宋体 9 points 就能避免此类事件的发生。具体操作步骤如下：

> 实讲实训
> 多媒体演示
>
> 多媒体演示参见配套光盘中的\\视频\第3章\定义9points.avi。

Step 01 打开光盘中的 ch03\03.ASP 文件。

Step 02 选择"窗口"|"CSS 样式"选项，打开"CSS 样式"面板。

Step 03 单击"CSS 样式"面板上的"新建 CSS 规则"  按钮，弹出"新建 CSS 规则"对话框。

Step 04 在"新建 CSS 规则"对话框中进行设置，如图 3-29 所示。

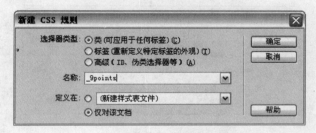

图 3-29　"新建 CSS 样式"对话框

Step 05 单击"确定"按钮，在出现的定义 CSS 规则对话框中进行设置。

Step 06 在"类型"区中选择"字体"为"宋体"；"大小"为"9"，单位为"点数（pt）"。如图 3-30 所示。

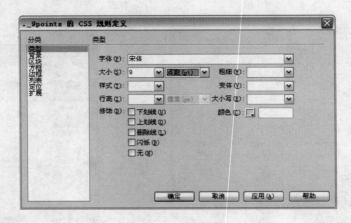

图 3-30　设置参数

Step 07 单击"确定"按钮，宋体 9points 就制作好了。

3.5 案例实训

3.5.1 案例实训1——重新定义 td 和 body

通过对 tr、td、body 标签的定义来解决字体大小格式的设置，便于保持网站中字体风格的统一。具体操作步骤如下：

Step 01 打开光盘中的 ch03\03.ASP 文件。

Step 02 选择"窗口"｜"CSS 样式"选项，打开"CSS 样式"面板。

Step 03 单击"新建 CSS 规则" 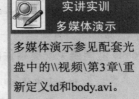 按钮，弹出"新建 CSS 规则"对话框，定义"标签"为"td"，"选择器类型"为"标签（重新定义特定标签的外观）(I)"，"定义在"为"仅对该文档"，如图 3-31 所示。

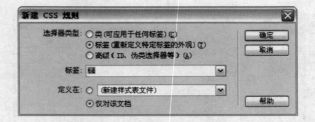

图 3-31　重新定义 td 标签

Step 04 单击"确定"按钮，在出现的对话框中定义 9points。

Step 05 重复步骤 3～4，再定义一个"标签"为 body，"选择器类型"为"标签（重新定义特定标签的外观）(I)"、"定义在"为"仅对该文档"的样式。

Step 06 按 Ctrl+S 组合键进行保存。此时，即完成对 body 和 td 标签的重定义。

3.5.2 案例实训2——自定义链接效果

在本实例中所要实现的效果是，当鼠标移动到带有链接的文本时，出现一个变色的文本块，并且文本的颜色也在改变。效果图如图3-32所示。本实例是通过定义CSS选择器类型来完成的。

 注 意

本实例所定义的样式文件为mycss.css，位于光盘中\ch03\FINAL\IMAGES\mycss.css。

图3-32　实例效果图

 提 示

在"保存样式表文件"对话框中，将"相对于"选择为"站点根目录"；否则样式文件的链接容易出错。

1. 建立 a:link 链接样式

Step 01 在ch03\MYCSS.ASP文件中打开"CSS样式"面板，新建一个CSS样式，并做如图3-33所示的设置。

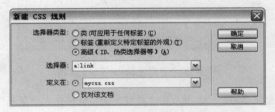

图3-33　建立 a:link 链接样式

Step
02 为该样式选择一个保存的样式文件名称（mycss.css），保存到 ch03 文件夹中。单击"确定"按钮，出现建立 a:link 链接样式对话框，在"分类"栏中选择"类型"选项，在"类型"选项区域中，"颜色"设置为#000000，在"修饰"区中选择"无"复选框。

Step
03 在"分类"栏中选择"方框"选项，在"方框"选项区域中，"宽"设置为 100 像素，"高"设置为 20 像素。

Step
04 在"分类"栏中选择"定位"选项，在"定位"选项区域中，"宽"设置为 100 像素，"高"设置为 20 像素。

Step
05 单击"确定"按钮。

2. 建立 a:active 链接样式

Step
01 打开"CSS 样式"面板，新建一个 CSS 样式，并做如图 3-34 所示的设置。

图 3-34　建立 a:active 链接样式

Step
02 在"分类"栏中选择"方框"选项，在"方框"选项区域中，"宽"设置为 100 像素，"高"设置为 20 像素。

Step
03 在"分类"栏中选择"边框"选项，在"边框"选项区域中，"上"设置为"虚线"，颜色设置为黑色。

Step
04 在"分类"栏中选择"定位"选项，在"定位"选项区域中，"宽"设置为 100 像素，"高"设置为 20 像素。

Step
05 单击"确定"按钮。

3. 建立 a:hover 链接样式

Step
01 打开"CSS 样式"面板，新建一个 CSS 样式，并做如图 3-35 所示的设置。

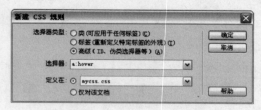

图 3-35　建立 a:hover 链接样式

Step
02 在"分类"栏中选择"类型"选项，在"类型"选项区域中，"颜色"设置为#FFFFFF，在"修饰"区中选择"无"复选框。

Step
03 在"分类"栏中选择"背景"选项，在"背景"选项区域中，"背景颜色"设置为#FF0000。

Step 04 在"分类"栏中选择"方框"选项，在"方框"选项区域中，"宽"设置为98像素，"高"设置为18像素。

Step 05 在"分类"栏中选择"边框"选项，在"边框"选项区域中，"上"设置为"虚线"，"颜色"设置为#FF0000。

Step 06 在"分类"栏中选择"定位"选项，在"定位"选项区域中，"宽"设置为98像素，"高"设置为18像素。

Step 07 单击"确定"按钮。

4. 建立 a:visited 链接样式

Step 01 打开"CSS样式"面板，新建一个CSS样式，并做如图3-36所示的设置。

Step 02 在"分类"栏中选择"背景"选项，在"背景"选项区域中，"背景颜色"设置为#00CC33。

Step 03 在"分类"栏中选择"方框"选项，在"方框"选项区域中，"宽"设置为100像素，"高"设置为20像素。

Step 04 在"分类"栏中选择"边框"选项，在"边框"选项区域中，"颜色"设置为#000000。

Step 05 在"分类"栏中选择"定位"选项，在"定位"选项区域中，"宽"设置为100像素，"高"设置为20像素。

Step 06 单击"确定"按钮。

完成mycss.css样式文件的定义后，"CSS样式"面板如图3-37所示。

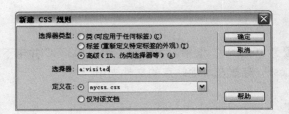

图3-36　建立 a:visited 链接样式　　　　图3-37　"CSS样式"面板

📚 **技 巧**

在源代码中的<body>后面加入如下代码，可将网页定时关闭：

```
<script LANGUAGE="JavaScript"> <!--
setTimeout('window.close();', 60000);
--> </script>
```

在代码中的60000表示1min，它是以ms为单位的。

3.6 习题

一、选择题

1．下列关于设置文本格式说法正确的是：_____。

    A．HTML 样式是中文网页专用的文本格式化方式

    B．CSS 样式是 Dreamweaver 8 自身携带的一个更为方便的工具，可以把多个属性组合在一起形成一个样式，帮助用户对文本格式进行批量设置

    C．可通过参数的设置，达到设置文本格式的目的

    D．使用"属性"面板设置文本格式是唯一设置文本格式的方法

2．在 Dreamweaver 8 中不可以通过下列方法修改指定文字的颜色：_____。

    A．单击"属性"面板中的颜色选择器，从浏览器安全色面板中选择一种颜色

    B．选择"文本"｜"颜色"选项，弹出"颜色"对话框，选择一种颜色，然后单击"确定"按钮

    C．直接在"属性"面板中的相应位置处输入颜色名称或十六进制数字

    D．若要定义默认文本颜色，选择"修改"｜"页面属性"选项

3．打开"CSS 样式"面板的快捷键是_____。

    A．F11 键   B．Ctrl+F12 组合键

    C．F12 键   D．Shift+F11 组合键

二、简答题

1．简述 CSS 样式的概念。

2．简述使用样式的意义。

三、操作题

应用 CSS 样式，将该文档中的文本设置为 16points、隶书；字体颜色为＃0033CC 并带下划线。将该 CSS 样式保存为样式文件"03－2.css"存放在本地站点的文件夹中。

Chapter 4

表格

本章中所涉及的素材文件，可以参见配套光盘中的\\Mysite\ch04。

基础知识
◆ 创建表格
◆ 添加表格对象
◆ 选取表格元素

重点知识
◆ 自动套用表格格式
◆ 设置单元格
◆ 表格的排序

提高知识
◆ 添加行与列
◆ 调整表格
◆ 拆分与合并单元格

4.1 创建表格

表格是网页的一个非常重要的元素，因为 HTML 本身并没有提供更多的排版手段，往往就要借助表格实现网页的精细排版。可以说表格是网页制作中尤为重要的一个元素，表格运用得好坏，直接反映了网页设计师的水平。要在一个页面中创建表格，具体操作步骤如下：

实讲实训
多媒体演示

多媒体演示参见配套光盘中的\\视频\第4章\创建表格.avi。

Step 01 将光标停放在页面需要创建表格的位置。

Step 02 如果未打开"插入"工具栏，可以在文档窗口单击 ▶插入 按钮。如果在文档窗口中找不到该按钮，可使用 Ctrl+F2 快捷键切换"插入"工具栏的显示或隐藏状态，如图 4-1 所示。

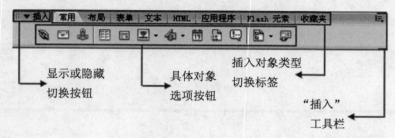

图 4-1 "插入"工具栏

Step 03 在"常用"标签中，单击"表格"按钮 ，如图 4-2 所示。

图 4-2 "表格"按钮

Step 04 弹出"表格"对话框，如图 4-3 所示。

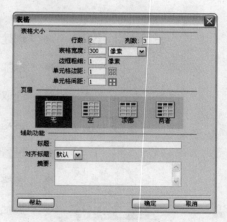

图 4-3 "表格"对话框

对话框中各项含义如下：

- 行数　输入要插入表格的行数，在此输入 2。
- 列数　输入要插入表格的列数，在此输入 3。
- 表格宽度　输入要插入表格的宽度，宽度的单位可以通过右边的下拉列表框选择，有"像素"或"百分比"。以像素为宽度单位定义的表格，大小是固定的；而以百分比定义的表格，会随浏览器窗口大小的改变而变化。在后面将会深入讲解二者的区别。在此设置为 300 像素。
- 边框粗细　用来设置所插入表格边框线的宽度，在此输入 1。
- 单元格边距和单元格间距　用于设置单元格之间的间隔距离，在此均输入 1。所谓单元格，就是表格里面的每一个小格，如图 4-4 所示。

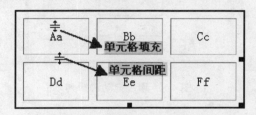

图 4-4　单元格边距及间距示意图

Step 05 单击"确定"按钮，得到如图 4-5 所示的表格。

图 4-5　插入的表格

4.2　设置表格

4.2.1　课堂实训 1——选取表格元素

选取表格元素包括选取整个表格、行、列、连续范围内的单元格。

实讲实训
多媒体演示

多媒体演示参见配套光盘中的\\视频\第4章\选取表格元素.avi。

（1）选择整个表格
可以执行以下操作之一：

- 单击表格的左上角（鼠标指针呈网格光标），如图 4-6 所示。
- 在表格的右边缘、下边缘以及单元格内边框的任何地方，当鼠标指针变成平行线光标时单击。

（2）选择表格的行或列
可执行以下操作之一：

- 将光标定位于行的左边缘或列的上端，出现选择箭头时单击即可，如图 4-7 所示。

图 4-6　选择表格　　　　　　　　　　　　　图 4-7　通过箭头选择行

- 在单元格内单击，平行拖动或向下拖动选择多行或多列，如图 4-8 所示。

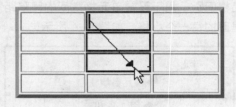

图 4-8　通过拖动选择列

(3) 选择多个单元格

可执行以下操作之一：

- 在一个单元格内单击，然后按住 Shift 键再单击另一个单元格，则由这两个单元格围起的矩形区域内的所有单元格被选中。本例是先在 12.5 单元格中单击，按住 Shift 键再单击 36.5 单元格，如图 4-9 所示。
- 要选择不连续的单元格，按 Ctrl 键的同时在表格中单击单元格即可（双击则取消选定）。

12.5	11.2	33.5
22.7	11.8	78.9
78.9	36.5	35.6
57.8	23.9	66.8

图 4-9　选择多个单元格

4.2.2　课堂实训 2——套用表格格式

Dreamweaver 8 中预置了十几种表格设计风格，使用这些预置设计风格格式化表格，可以大大提高表格的设计效率。具体步骤如下：

Step 01 选定需要格式化的表格，在文档窗口的菜单栏中选择"命令"｜"格式化表格"选项，如图 4-10 所示。

实讲实训
多媒体演示

多媒体演示参见配套光盘中的\\视频\第4章\套用表格格式.avi。

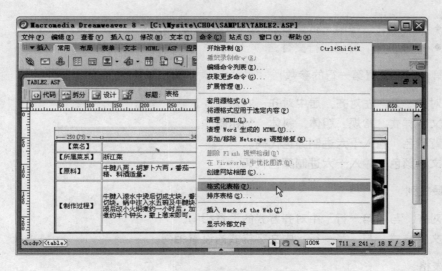

图 4-10 "格式化表格"命令

Step 02 在弹出的"格式化表格"对话框中，从左边的列表中选择一种设计方案后，右边便显示出该方案效果，如图 4-11 所示。

图 4-11 "格式化表格"对话框

在该对话框中可对"行颜色"、"第一行"和"最左列"等选项进行修改。

（1）行颜色

- 第一种　设定第一行颜色。
- 第二种　设定第二行颜色。
- 交错　设置表格每一行的颜色是否变化。
    - ◆　不要交错　不交替。
    - ◆　每一行　每隔一行交替。
    - ◆　每两行　每隔两行交替。

◆ 　每三行　每隔三行交替。

◆ 　每四行　每隔四行交替。

(2) 第一行（设置第一行的参数）

● 　对齐　无、左对齐、居中对齐、右对齐。

● 　文字样式　常规、粗体、斜体、加粗斜体。

● 　背景色　输入十六进制颜色代码。

● 　文本颜色　输入十六进制颜色代码。

(3) 最左列

● 　对齐　与"第一行"中对齐方式的设置相同。

● 　文字样式　与"第一行"中文字样式的设置相同。

(4) 表格

● 　边框　修改边框宽度，如果不需要表格线，输入 0。

● 　将所有属性套用至 TD 标注而不是 TR 标签　要将设计应用于表格单元（TD 标记）而不是表格行（TR 标记），虽然应用于表格单元的格式优先于应用于表格行的格式，但是应用于表格行的格式会产生更清晰、更简洁的 HTML 源代码。

Step 03 单击"应用"或"确定"按钮即可对表格应用选定的格式。按图 4-11 设置后的结果如图 4-12 所示。

图 4-12　套用表格格式

4.3　设置单元格

使用单元格的"属性"面板可以设置单元格内文本的对齐方式以及单元格的背景颜色等。

4.3.1　课堂实训 3——对齐单元格内容

对齐单元格内容，就是在单元格的"属性"面板中设置单元格的对齐方式。对齐方式包括：水平和垂直。可以交叉选择水平和垂直的对齐方式，以便更加灵活地控制单元格中的内容。

要对齐单元格内容，具体步骤如下：

Step 01 将光标定位在要设置对齐方式的单元格中。

实讲实训
多媒体演示

多媒体演示参见配套光盘中的\\视频\第4章\对齐单元格内容.avi。

Step 02 在菜单栏中选择"窗口"|"属性"选项，打开关于单元格的"属性"面板，如图 4-13 所示。

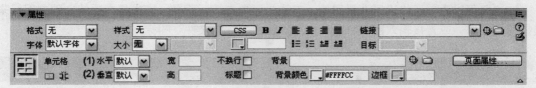

图 4-13　单元格"属性"面板

Step 03 在"属性"面板中，可选择适当的对齐方式或使用各种对齐方式的组合，来定位与控制单元格的内容。

- 在"水平"下拉列表框中，可设置单元格行或列中内容的水平对齐方式为："左对齐"、"右对齐"、"居中对齐"或"默认"。对于普通单元格来说，通常是左对齐，表头单元格是居中。
- 在"垂直"下拉列表框中，可设置单元格行或列中内容的垂直对齐方式为："顶端"、"局中"、"底部"、"基线"或按浏览器"默认"方式对齐（通常是与中间对齐）。

Step 04 几种常用的对齐方式设置如图 4-14 所示。

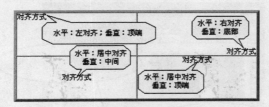

图 4-14　对齐单元格内容

4.3.2　课堂实训 4——设置单元格背景

在网页的设计和制作过程中，经常要用到通过表格和单元格的背景颜色来衬托表格或单元格中的内容。要对单元格设置背景颜色或背景图像，具体步骤如下：

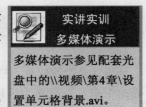

实讲实训
多媒体演示

多媒体演示参见配套光盘中的\\视频\第4章\设置单元格背景.avi。

Step 01 将光标定位在要设置单元格背景的单元格内。

Step 02 在菜单栏中选择"窗口"|"属性"选项，打开关于单元格的"属性"面板，如图 4-15 所示。

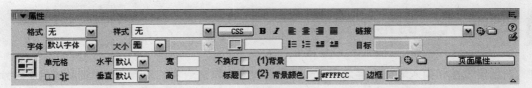

图 4-15　"属性"面板

（1）背景

在这里可以为单元格设置背景图像，方法是：单击该"背景"文本框右边的文件夹图标来选择背景图像，或直接输入图像路径，也可以使用"指向文件"图标。

 提示

当所选择的图像的大小不能完全填充单元格时，图像将重复显示，直到填充满单元格为止。

（2）背景颜色

若要为单元格设置背景色，可使用颜色拾取器或者直接输入所需颜色的十六进制颜色值编码。

为单元格设置背景以及背景颜色后的效果如图 4-16 所示。

 提示

当对一个单元格同时设置"背景"和"背景颜色"时，"背景"图像将浮在"背景颜色"的上面；在图像没有下载完时，将优先显示"背景颜色"。

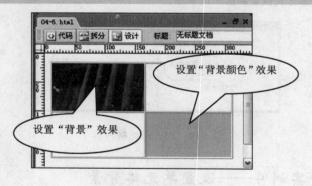

图 4-16　效果图

4.3.3　将单元格转换为表头

表头是特殊的单元格，表头和单元格的区别在于其中的文字自动变成粗体，而且位于单元格的中央。要将单元格转换成表头，选中单元格后单击"属性"面板中"标题"复选框就可以了。

4.4　表格的基本操作

在创建表格和输入表格内容之后，有时需要对表格做进一步的处理，如添加行或列，拆分、合并或复制单元格等。可以合并任意数量的相邻单元格，只要整个区域是矩形。可以将一个单元格拆分为任意数量的行或者列，而不管该单元格以前是否由合并得来。

4.4.1 课堂实训5——调整表格

创建表格后，可以根据需要进一步调整表格或某个（些）行和列的大小。调整整个表格的大小时，表格中所有单元格将按比例改变大小。调整表格大小的具体操作步骤如下：

实讲实训
多媒体演示

多媒体演示参见配套光盘中的\\视频\第4章\调整表格.avi。

Step 01 选择表格。

Step 02 拖动选择手柄，沿相应方向调整表格的大小。如拖动右下角的手柄，可在两个方向上（宽度和高度）调整表格的大小，如图4-17所示。

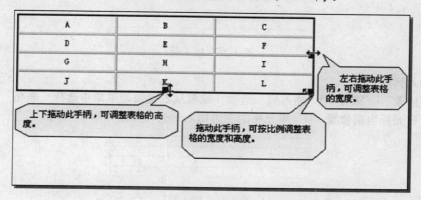

图4-17 调整表格大小

Step 03 改变某行或某列的大小，可以执行以下操作之一。

● 要改变行的高度，可上下拖动行的底边线，如图4-18所示。

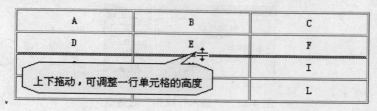

图4-18 改变行高

● 要改变列的宽度，可左右拖动列的右边线，如图4-19所示。

图4-19 改变列宽度

4.4.2 课堂实训6——插入行与列

若要添加行与列，具体操作如下：

**实讲实训
多媒体演示**

多媒体演示参见配套光盘中的\\视频\第4章\插入行与列.avi。

（1）插入行

将光标定位在G单元格的位置，选择"修改"｜"表格"｜"插入行"选项，或者从右键快捷菜单中选择"表格"｜"插入行"选项，便可在G单元格所在的行的上方插入一行，如图4-20所示。

A	B	C
D	E	F
G	H	I
J	K	L

图4-20　插入行

（2）插入列

选择"修改"｜"表格"｜"插入列"选项，或者从右键快捷菜单中选择"表格"｜"插入列"选项，便可在光标当前位置"G"单元格的左边插入一列，如图4-21所示。

A	B	C
D	E	F
G	H	I
J	K	L

图4-21　插入列

（3）添加行或列

选择"修改"｜"表格"｜"插入行或列"选项，或者从右键快捷菜单中选择"表格"｜"插入行或列"选项，在弹出的对话框中，输入要添加的行数或列数，如图4-22所示。

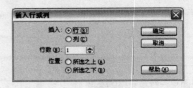

图4-22　"插入行或列"对话框

- "插入"选项　可通过单选按钮选择插入"行"或"列"。
- "行数"选项　可输入一个值或在输入框中通过单击上、下三角按钮来添加或减少数值。
- "位置"选项　选中"所选之上（A）"或"所选之下（B）"单选按钮，来确定插入行或列的位置。
- "确定"按钮　可插入一行或多行。

提　示

　　"插入行或列"命令可以一次插入多行或多列，并可任意选择插入的位置。例如：如果想在表格的最下面再添加一行，只能用插入行或列命令。

4.4.3 课堂实训7——拆分单元格

完成对一个单元格的拆分，具体步骤如下：

实讲实训
多媒体演示

多媒体演示参见配套光盘中的\\视频\第4章\拆分单元格.avi。

Step 01 将光标定位在欲拆分的单元格中。

Step 02 选择"修改"|"表格"|"拆分单元格"选项，或单击"属性"面板中的"拆分单元格为行或列"按钮，如图4-23所示。

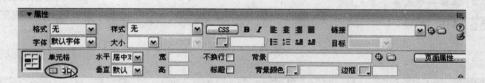

图4-23 "属性"面板

Step 03 在弹出的"拆分单元格"对话框中，可选择是拆分为"行"还是"列"，输入行数或列数，单击"确定"按钮，便可完成单元格的拆分，如图4-24所示。

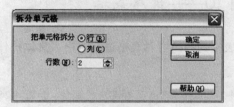

图4-24 "拆分单元格"对话框

4.4.4 课堂实训8——合并单元格

选中的单元格必须是连续（相邻）的，否则不能合并单元格。要合并单元格，具体步骤如下：

实讲实训
多媒体演示

多媒体演示参见配套光盘中的\\视频\第4章\合并单元格.avi。

Step 01 选中要合并的单元格（必须是矩形区域）。

Step 02 选择"修改"|"表格"|"合并单元格"选项或单击"属性"面板中的"合并所选单元格，使用跨度"按钮，如图4-25所示。

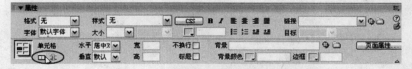

图4-25 "属性"面板

提 示

合并前各单元格中的内容将放在合并后的单元格里面。

4.4.5 课堂实训 9——删除单元格内容

删除单元格的内容，具体步骤如下：

 实讲实训
多媒体演示

多媒体演示参见配套光盘中的\\视频\第4章\删除单元格内容.avi。

Step
01 选择一个或多个单元格。

Step
02 选择"编辑"|"清除"选项或按 Delete 键，可将单元格中的内容清除。

 提 示

如果选择了一行或一列的所有单元格，选定的行或列（包括里面的内容）将被删除。

4.4.6 课堂实训 10——排序表格

Dreamweaver 8 允许按表格列的内容对表格进行排序，具体操作步骤如下：

 实讲实训
多媒体演示

多媒体演示参见配套光盘中的\\视频\第4章\排序表格.avi。

Step
01 打开光盘中的 ch04\4-2-3.html 文件，选择其中的表格，如图 4-26 所示。

Step
02 在文档窗口中选择"命令"|"排序表格"选项。

产品编号	一季度	二季度	三季度	四季度
NB1001	5268725	5821469	5879469	1821469
NB1002	5321219	5013269	6079489	4679470
NB1003	7821219	3221219	4921219	4829219

图 4-26 选择表格

Step
03 弹出"排序表格"对话框，如图 4-27 所示。

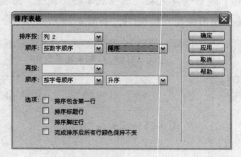

图 4-27 "排序表格"对话框

该对话框中各选项意义如下：

- 排序按　从弹出菜单中选择按哪一列排序。该下拉列表中列出了选定表格的所有列，例如，列 1、列 2 等。
- 顺序　可以选择"按字母顺序"还是"按数字顺序"排序。当列的内容是数字时，选择按字母顺序或数字顺序得到的排序结果是不同的。例如，对包含一位和两位数的列表按字母顺序排序时，得到的排序结果是：1、10、2、20、3、30；而按数字顺序排序时，得到的结果是：1、2、3、10、20、30。
  - "升序"排序：对表格所指定的内容按升序进行排列。
  - "降序"排序：对表格所指定的内容按降序进行排列。
- 再按　如果要求除了按"排序按"中指定的列进行排序外，还要求按另外的列进行次一级排序，可在"再按"下拉列表框中指定用于次级排序的列。
- 选项
  - "排序包含第一行"选项　排序时将包括第一行。注意：如果第一行是表头，就不应该选择此选项。
  - "排序标题行"选项　指定使用与 tbody 行相同的条件对表格 thead 部分（如果存在）中的所有行进行排序。
  - "排序脚注行"选项　指定使用与 tbody 行相同的条件对表格 tfoot 部分（如果存在）中的所有行进行排序。
  - "完成排序后所有行颜色保持不变"选项　指定排序之后表格行属性（如颜色）应该与同一内容保持关联。如果表格行使用两种交替的颜色，则不要选择此选项以确保排序后的表格仍具有颜色交替的行。如果行属性特定于每行的内容，则选择此选项以确保这些属性保持与排序后表格中正确的行关联在一起。

Step 04 单击"应用"或"确定"按钮，便完成对表格的排序，图 4-28 是按第 2 列降序排序的结果。

产品编号	一季度	二季度	三季度	四季度
NB1003	7821219	3221219	4921219	4829219
NB1002	5321219	5013269	6079489	4679470
NB1001	5268725	5821469	5879469	1821469

80% (552)

图 4-28　表格的排序结果

 技 巧

Dreamweaver 8 安装程序会在 IE 浏览器的"文件"菜单中增加一个"使用 Dreamweaver 编辑"的选项，还可以通过修改 Windows 的注册表（就像 MS Word 、FrontPage 和 Notepad 一样），在 IE 工具栏的编辑按钮中添加该选项来调用 Dreamweaver 8 打开当前网页。

将下面文本的最后一行改为自己的 Dreamweaver 8 安装路径，把它们保存为一个 *.reg 文件，双击它将信息添加到注册表即可。

```
REGEDIT4
[HKEY_CLASSES_ROOT\.htm\OpenWithList\Dreamweaver]
[HKEY_CLASSES_ROOT\.htm\OpenWithList\Dreamweaver\shell]
[HKEY_CLASSES_ROOT\.htm\OpenWithList\Dreamweaver\shell\edit]
[HKEY_CLASSES_ROOT\.htm\OpenWithList\Dreamweaver\shell\edit\command]
@="\"D:\\Macromedia\\Dreamweaver 8\\dreamweaver.exe\"\"%1\""
```

如果要设置为 IE 默认的编辑器，打开 IE 的"Internet 选项"，在"程序"标签中指定。

4.5 案例实训——制作精美课程表网页

打开本书附带光盘中的 ch04\SAMPLE\FINAL\ KCB.ASP 文件，出现如图 4-29 所示的效果图。

实讲实训
多媒体演示

多媒体演示参见配套光盘中的\\视频\第4章\制作精美课程表网页.avi。

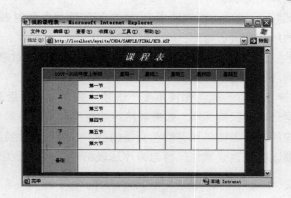

图 4-29　实例效果图

本案例是制作精美课程表网页，其中用到表格的插入、表格边框的设置、单元格的合并以及背景颜色的设置等知识。具体操作步骤如下：

Step 01 用 Dreamweaver 8 打开光盘中的 ch04\SAMPLE\KCB.ASP 文件，如图 4-30 所示。

图 4-30　初始画面

Step 02 在文档菜单中选择"插入"|"表格"选项,在"表格"对话框中,设置插入一个8行7列的表格,如图4-31所示。

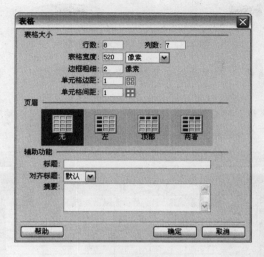

图4-31 设置插入的表格

Step 03 单击"确定"按钮,便可在文档窗口中插入一个8行7列的表格,如图4-32所示。

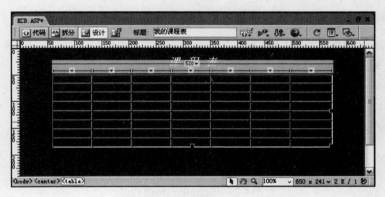

图4-32 插入表格

Step 04 选中表格(单击表格边框,可选中表格),选择文档窗口中的"窗口"|"属性"选项,打开"属性"面板。在"属性"面板中将该表格的对齐方式设置为居中对齐,如图4-33所示。

图4-33 设置表格的对齐方式

Step 05 设置单元格背景颜色。选中第1行单元格,打开"属性"面板,在"背景颜色"中输入"#999999"颜色值,如图4-34所示。

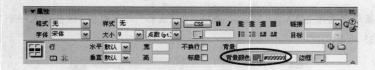

图 4-34　设置单元格背景颜色

Step 06 按照相同的方法将第 1 列单元格背景颜色设置为 "#99CCFF"；其余单元格背景颜色设置为 "#FFFFCC"。

Step 07 合并单元格。选中第 1 行左侧的两个单元格。选择 "修改" | "表格" | "合并单元格" 选项，将单元格进行合并。合并的结果如图 4-35 所示。

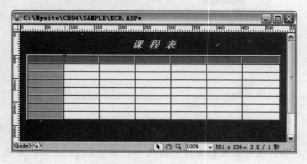

图 4-35　合并单元格

Step 08 重复前面的操作。将第 1 列中的 2、3、4、5 行单元格，第 1 列中的 6、7 行单元格，第 8 行中的 2、3、4、5、6、7 列单元格进行合并。完成的结果如图 4-36 所示。

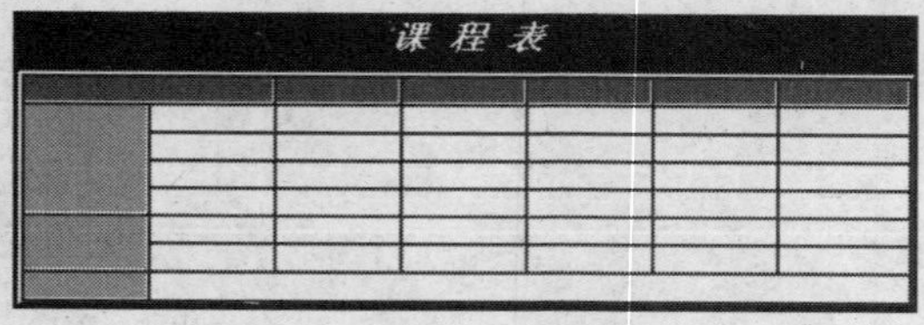

图 4-36　完成单元格的合并

Step 09 参照实样图，在对应的单元格内输入文本，保存文档。结果如图 4-37 所示。

图 4-37　制作结果图

4.6　习题

一、选择题

1. 在 Dreamweaver 8 中对表格所进行的操作中，下列说法正确的是_____。
   - A．选择表格中的单个或多个单元格都能对其进行拆分操作
   - B．在一个表格中，如果所选择的区域是矩形区域可以对其进行拆分操作
   - C．在一个表格中，如果所选择的区域是矩形区域可以对其进行合并操作
   - D．在 Dreamweaver 8 的表格中，只有所选择的区域是非连续的区域才可以对其进行合并操作

2. 在 Dreamweaver 8 中提供两种方式来查看和操作表格，即_____和_____。
   - A．设计视图
   - B．代码视图
   - C．活动数据视图
   - D．布局视图
   - E．文档窗口

3. 在 Dreamweaver 8 中，下列用来插入表格的按钮是_____。
   - A．
   - B．
   - C．
   - D．

4. 如果要套用表格样式，应选择_____中的选项。
   - A．"查看"菜单
   - B．"编辑"菜单
   - C．"修改"菜单
   - D．"命令"菜单

5. 下列操作中，不可以在网页中插入表格的是_____。
   - A．选择"插入"菜单中的"表格"选项
   - B．单击"插入"工具栏中"常用"标签中的"表格"按钮
   - C．单击"插入"工具栏中"布局"标签中的"表格"按钮
   - D．按 Ctrl+Alt+Z 组合键

6. 要在一个表格中选择多个连续的单元格，应按_____键，然后单击需要选择的单元格。
   - A．Alt
   - B．Ctrl
   - C．Shift
   - D．Tab

二、简答题

简述表格的概念和作用。

三、操作题

创建一个 5 行 4 列的表格，表格的宽度为 75％，边框宽度为 1，背景色为绿色，边框线颜色为＃3366FF。

Chapter

5

图像

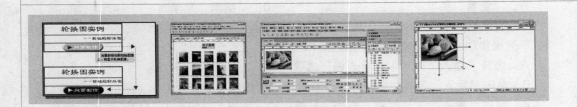

　　本章中所涉及的素材文件，可以参见配套光
盘中的\\Mysite\ch05。

基础知识 ◆ 图像的类型

◆ 插入鼠标经过图像

重点知识 ◆ 调整图像大小

◆ 设置图像的对齐方式

提高知识 ◆ 制作地图网页

◆ 制作电子相册

5.1 图像的类型

图像在网页中通常起到画龙点睛的作用，图像能装饰网页，表达个人的情趣和风格。若网页上加入的图片过多，就会影响浏览的速度。网页中使用的图像可以是 GIF、JPEG、BMP、TIFF、PNG 等格式，目前使用最广泛的是 GIF 和 JPEG 两种格式。

5.2 插入图像

5.2.1 插入普通图像

当把一幅图像插入 Dreamweaver 8 文档时，Dreamweaver 8 在 HTML 中会自动产生对该图像文件的引用。要确保这种引用正确，该图像文件必须位于当前站点之内。如果不在，Dreamweaver 8 会询问是否要把该文件复制到当前站点内的文件夹中。

在页面中插入图像与在表格中插入图像方法类似，具体操作步骤参见第 1 章 1.3.2 节，这里不再赘述。

5.2.2 课堂实训 1——插入鼠标经过图像

鼠标经过图像是指当鼠标指针掠过一幅图像时，该图像会变为另一幅图像来显示。鼠标经过图像实际上是由两幅图像组成："初始图像"，即页面首次装载时所显示出的图像；"鼠标经过图像"，即当鼠标指针掠过时所显示的图像。用于创建鼠标经过图像的两幅图像的大小要求必须相同。如果图像的大小不同，Dreamweaver 8 会自动调整第 2 幅图像（鼠标经过图像）的大小，使之与第 1 幅图像大小相匹配。插入鼠标经过图像的具体步骤如下：

Step 01 将光标置于文档窗口要显示鼠标经过图像的位置。

Step 02 用以下方法之一可插入鼠标经过图像。

- 单击"插入"工具栏中"常用"标签下的"图像"按钮▣右侧的下拉按钮▾，并从下拉菜单中选择"鼠标经过图像"选项。
- 将"常用"标签下的"鼠标经过图像"按钮▣直接拖拽到要创建鼠标经过图像的位置。
- 选择"插入"｜"图像对象"｜"鼠标经过图像"选项。

Step 03 在弹出的"插入鼠标经过图像"对话框中进行如图 5-1 所示的设置。

- 原始图像 页面初始所显示的图像。单击右边的"浏览"按钮，选择一幅图像；或在"原始图像"文本框中输入初始图像的路径和文件名，如选择 IMAGES/01.GIF。
- 鼠标经过图像 光标掠过所显示的鼠标经过图像。单击右边的"浏览"按钮，选择一幅图像；或在"鼠标经过图像"文本框中输入鼠标经过图像的路径和文件名，如选择

IMAGES/02.GIF。

- 按下时，前往的 URL　建立一个链接。单击右边的〝浏览〞按钮并选择一个文件；或在文本框中直接输入 URL。该链接将在单击此鼠标经过图像时调转。
- 预载鼠标经过图像　要使 Dreamweaver 8 把图像预载入浏览器缓冲区，选择该选项，可提高图像的下载速度。

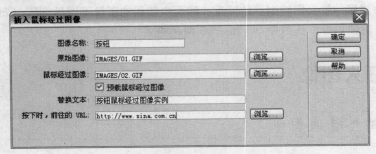

图 5-1　〝插入鼠标经过图像〞对话框

Step 04 单击〝确定〞按钮，便完成了鼠标经过图像的创建。

Step 05 选择〝文件〞｜〝在浏览器中预览〞｜〝IExplorer 6.0〞选项，或按 F12 键，在浏览器中移动鼠标指针掠过初始图像，可预览鼠标经过图像效果，如图 5-2 所示。

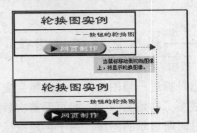

图 5-2　预览鼠标经过图像效果

5.3　设置图像属性

5.3.1　课堂实训 2——调整图像大小

在 Dreamweaver 8 文档窗口中，能够可视化地重新调整图像大小，使布局更加合理、美观。调整位图（如 GIF、JPEG 和 PNG 图像）的大小可能会使其变得粗糙或失真。调整图像大小的具体步骤如下：

实讲实训
多媒体演示

多媒体演示参见配套光盘中的\\视频\第5章\调整图像大小.avi。

Step 01 选中图像。单击图像元素或单击标记文档窗口左下角选择器中的图像标记 <img>，可选中图像元素。

Step 02 图像被选中后，在图像元素的底边、右边以及右下角将出现调整图像大小的手柄，如图 5-3 所示进行调整。

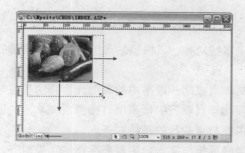

图 5-3　调整图像元素

　　也可以在"属性"面板的"宽"和"高"文本框中输入数值，调整图像的大小。如果调整后不满意，想恢复到原始大小，单击"属性"面板中的"重新取样"按钮，便可使图像还原为原始大小，如图 5-4 所示。

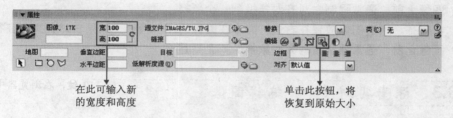

在此可输入新
的宽度和高度

单击此按钮，将
恢复到原始大小

图 5-4　设置图像大小

5.3.2　课堂实训 3——设置图像的对齐方式

　　使用图像"属性"面板的"对齐"下拉列表中的选项，可以设置图像与页面其他元素的对齐方式。跟设置文本的对齐方式是一样的，选择图像，将显示具有图像属性的"属性"面板。如果不显示"属性"面板，就选择"窗口" | "属性"选项，打开"属性"面板，如图 5-5 所示。

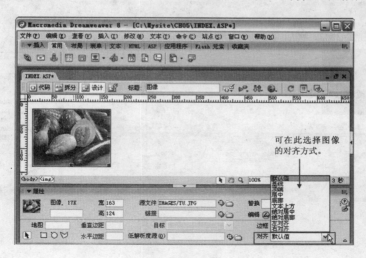

可在此选择图像
的对齐方式。

图 5-5　设置对齐方式

"属性"面板中"对齐"下拉列表的各选项及其作用说明如下：

- 默认值　通常指定基线对齐。（根据站点访问者的浏览器的不同，默认值也会有所不同。）
- 基线和底部　将文本（或同一段落中的其他元素）的基线与选定对象的底部对齐。
- 顶端　将图像的顶端与当前行中最高项（图像或文本）的顶端对齐。
- 居中　将图像的中部与当前行的基线对齐。
- 文本上方　将图像的顶端与文本行中最高字符的顶端对齐。
- 绝对居中　将图像的中部与当前行中文本的中部对齐。
- 绝对底部　将图像的底部与文本行（这包括字母下部，例如，在字母 g 中）的底部对齐。
- 左对齐　所选图像放置在左边，文本在图像的右侧换行。如果左对齐文本在行上处于图像之前，通常强制左对齐对象换到一个新行。
- 右对齐　所选图像放置在右边，文本在图像的左侧换行。如果右对齐文本在行上处于图像之前，通常强制右对齐对象换到一个新行。

5.3.3　课堂实训 4——编辑图像

编辑图像的方法是：选择该图像，打开"属性"面板，单击"编辑"按钮，如图 5-6 所示，便可打开 Dreamweaver 8 默认的图像编辑器，也可在 Dreamweaver 8 的"编辑"菜单中选择其他的图像编辑器。若装有 Fireworks 8 软件，则一般默认为 Fireworks 8。在 Fireworks 8 中可对选定的图像进行编辑修改。

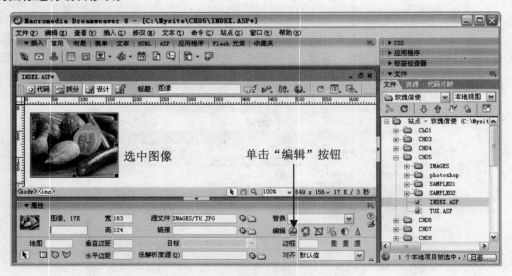

图 5-6　编辑图像

5.4 案例实训

5.4.1 案例实训 1——制作地图网页

假如通过网页介绍一个景点或用一个地图来指引一条路线。想在不同的地点链接一个页面来讲述该地点的风景或趣事奇文，那么就可以用"图像地图"来引导。浏览者可根据不同的需要，选择不同的"热区"的链接，查看自己所要了解的内容。本案例就是利用图像地图功能，讲述古代丝绸之路。

实讲实训
多媒体演示

多媒体演示参见配套光盘中的\\视频\第5章\制作地图网页.avi。

要创建图像地图，执行以下操作之一：

- 选择椭圆形热点工具，在选定图像上拖动鼠标指针，创建椭圆或圆形热区。
- 选择矩形热点工具，在选定图像上拖动鼠标指针，创建矩形热区。
- 选择多边形热点工具，在选定图像上每个角点单击一次，定义一个不规则形状的热区。单击箭头热点工具，结束多边形热区定义。

具体操作步骤如下：

Step 01 启动 Dreamweaver 8，打开光盘中的 ch05\SAMPLE01\MAP.ASP 文件。

Step 02 选中该文档中"丝绸之路示意图"图像。

Step 03 在菜单栏中依次选择"窗口"│"属性"选项或按下 Ctrl+F3 组合键，打开"属性"面板，如果没有显示图像地图制作工具，单击"属性"面板右下角的扩展箭头，如图 5-7 所示。

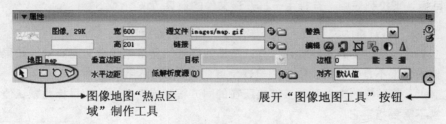

图 5-7　打开图像地图制作工具

Step 04 在"属性"面板中的"地图"文本框中输入图像地图名称。

☕ **注 意**

如果在同一文档中使用到多个图像地图，需要给每个图像地图起一个唯一的名称，用来标识不同的图像地图。

Step 05 创建图像地图（热区），可根据地图中不同的形状选择不同的热区工具，在所选定图像上拖动鼠标指针，便可完成图像地图的创建，如图 5-8 所示。

图 5-8 创建矩形热区

Step 06 图像地图创建完成后，选中所创建的热区，打开"属性"面板，如图 5-9 所示。

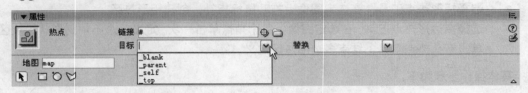

图 5-9 热点"属性"面板

在热点"属性"面板的"链接"文本框中输入链接文件的名称，或者单击文件夹图标并通过浏览选择在用户单击该热点时要打开的文件。

在"目标"下拉列表中，选择用于打开该文件的窗口。

- _blank 将链接的文件载入一个未命名的新浏览器窗口中。
- _parent 将链接的文件载入含有该链接的框架的父框架集或父窗口中。如果含有该链接的框架不是嵌套的，则在浏览器全屏窗口中载入链接的文件。
- _self 将链接的文件载入该链接所在的同一框架或窗口中。此目标为默认值，因此通常不需要指定它。
- _top 在整个浏览器窗口中载入所链接的文件，因而会删除所有框架。

☕ **注 意**

只有当所选热点包含链接时，"目标"选项才可用。

在"替换"框中，输入希望在纯文本浏览器或设为手动下载图像的浏览器中作为替换文本出现的文本。

有些浏览器在鼠标指针暂停于该热点之上时，将此文本显示为工具提示。

Step 07 在"地中海"创建一个矩形热区，在"替换"框中输入"关于地中海的论述"替代文本，并设置好链接（链接到 DZH.ASP），如图 5-10 所示。

图 5-10　设置热区属性

Step 08 按照相同的方法分别为不同的路线或地名创建热区，并输入不同的链接和替代文字，如图 5-11 所示。

图 5-11　创建不同的图像地图

Step 09 保存并预览。当鼠标指针移到图像地图中时将显示"替换"框中的内容，如果设置有链接，单击便可进入所链接的文档，如图 5-12 所示。

图 5-12　预览

提　示

要在图像地图中选择多个热区，可在保持整幅图像被选择的状态下，按住 Shift 键单击要选择的其他热区，或按 Ctrl+A 组合键选择所有热区。

5.4.2 案例实训2——制作电子相册

电子相册是将许多图片以电子相册的形式保存在一起，并以一定的比例进行缩小。如果用户要查看该图片时单击对应的电子相册，便可弹出原图或原图的放大图。这样做便于用户查看和选择多幅图片。如果要制作电子相册，必须保证计算机中装入了 Fireworks 8 网页图像处理软件。

在制作电子相册之前，先将所有电子相册的原图保存在一个文件夹中，在本例中，将原图保存在 ch05\photoshop 文件夹中，保存电子相册的目标文件夹是 ch05。这两个文件夹都保存在站点文件夹内，这样能使运行的速度快些。具体操作步骤如下：

Step 01 打开光盘中的 ch05\index2.asp 文件。

Step 02 在文档窗口中选择"命令"｜"创建网站相册"选项，弹出"创建网站相册"对话框，如图 5-13 所示。

图 5-13 "创建网站相册"对话框

Step 03 在"相册标题"文本框中输入"电子相册"，在"副标信息"文本框中输入"风景篇"，在"源图像文件夹"文本框中输入或选择 ch05\photoshop 文件夹，在"目标文件夹"文本框中输入或选择 ch05 文件夹。在"缩略图大小"下拉列表框中选择 100×100，在"列"文本框中输入 5，在"缩略图格式"和"相片格式"下拉列表框中选择"JPEG-较高品质"项，并选中"为每张相片建立导览页面"复选框。

Step 04 单击"确定"按钮，便进入电子相册的创建过程。这个过程是 Dreamweaver 8 自动启动 Fireworks 8 并完成创建的。

Step 05 当 Dreamweaver 8 在 Fireworks 8 中自动创建完成电子相册后，得到完成创建对话框，如图 5-14 所示。

图 5-14 完成创建

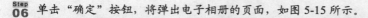

Step 06 单击"确定"按钮，将弹出电子相册的页面，如图5-15所示。

图 5-15　电子相册效果图

技 巧

使用鼠标右键可以对所浏览的网页做多项操作（比如保存图片等），如果不想自己的网页让别人"共享"的话，可以把鼠标右键的功能屏蔽掉。

具体方法如下：

在网页 HTML 源文件的<head>和</head>之间的空白处单击，输入

```
<Script language="JavaScript">
<!-
function click(){
if(event.button==2){
alert("鼠标右键功能被控制")
}
}
document.onmousedown=click
</Script>
-->
```

保存后退出。其中"鼠标右键功能被控制"可以替换成想要显示的警告信息。不过一定要把脚本加在<head>里，不然的话，浏览者可以在网页没下载完时使用鼠标右键。

5.5 习题

一、选择题

1．在 Macromedia Dreamweaver 8 中，可以在＿＿＿＿＿或＿＿＿＿＿中将图像插入文档。

    A．标准视图   B．代码视图

    C．设计视图   D．布局视图

2．下面图片格式中，Dreamweaver 8 不支持的是：＿＿＿＿＿。

    A．JPEG   B．BMP

    C．TIF   D．GIF

二、简答题

1．简述常用的网页图像格式类型。

2．简述图像的对齐方式。

三、操作题

1．在网页中插入一幅图像。具体要求是：图像的大小为 200×300，图像无边框，在网页中的文字对齐方式为左对齐，其替换文字为"这是一幅图像"。

2．在操作题 1 中插入的图像上绘制 3 个不同的锚点（正方形、圆形和多边形），并为每个锚点指定不同的链接。

Chapter 6

框架

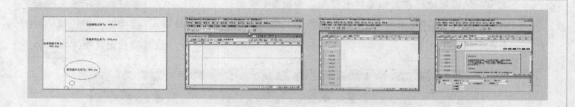

本章中所涉及的素材文件，可以参见配套光盘中的\\Mysite\ch06。

基础知识 ▶
- ◈ 框架的基本概念
- ◈ 创建自定义框架集
- ◈ 创建预定义框架集

重点知识 ▶
- ◈ 选择框架和框架集
- ◈ 保存框架和框架集

提高知识 ▶
- ◈ 设置框架集的属性
- ◈ 设置框架的属性
- ◈ 指定超链接框架的目标

6.1 创建框架集

框架的作用就是把浏览器窗口划分为若干个区域，每个区域可以分别显示不同的网页。框架由两个主要部分——框架集和框架组成。框架集是指在一个文档内定义一组框架结构的 HTML 网页。框架集定义了网页中显示的框架数、框架的大小、载入框架的网页源和其他可定义的属性等。框架是指在网页上定义的一个区域。

如果某个页面被划分为两个框架，但实际上包含的是 3 个独立的文件，一个框架集文件和两个框架内容文件。框架内容文件就是将内容显示在页面框架中的网页文件。

框架通常被用来定义页面的导航区和内容区域。

创建框架集可以用两种方法：创建自定义框架集和使用预定义框架集。

6.1.1 课堂实训1——创建自定义框架集

创建自定义框架集，具体步骤如下：

Step 01 在创建自定义框架集前，选择"查看"｜"可视化助理"｜"框架边框"选项，使框架边框在文档窗口中可见，如图 6-1 所示。

Step 02 选择"修改"｜"框架页"｜"拆分左框架"选项（也可选择拆分右、上或下框架）。

实讲实训
多媒体演示

多媒体演示参见配套光盘中的\\视频\第6章\创建自定义框架集.avi。

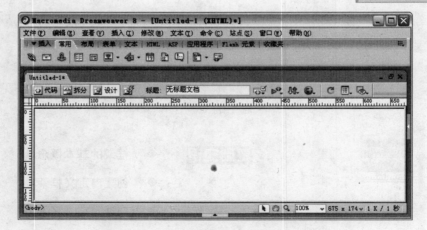

图 6-1　显示框架边框

按住 Alt 键并拖曳任一条框架边框，可以垂直或水平分割文档（或已有的框架）；按住 Alt 键从一个角上拖曳框架边框，可以把文档（或已有的框架）划分为 4 个框架。用这种方法创建框架集最为方便。

6.1.2　课堂实训 2——创建预定义框架集

Dreamweaver 8 预定义了 13 种框架集。使用预定义框架集，可以轻易创建想要的框架集。创建预定义框架集具体操作步骤如下：

实讲实训
多媒体演示

多媒体演示参见配套光盘中的\\视频\第6章\创建预定义框架集.avi。

Step 01 打开或新建一个空白文档。

Step 02 选择"窗口"｜"插入"选项，在打开的"插入"工具栏中选择"布局"标签，打开"布局"面板。单击"框架"按钮 右侧的下拉三角按钮，弹出如图 6-2 所示的下拉菜单。预定义框架集图标中的蓝色区域代表当前框架。

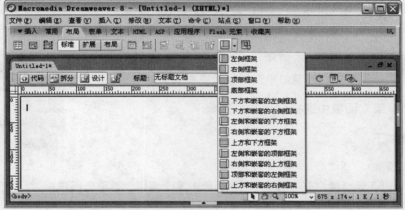

图 6-2　"框架"下拉菜单

Step 03 单击某个预定义框架集按钮，例如，单击"左侧和嵌套的顶部框架"按钮 ，创建的框架集结果如图 6-3 所示。

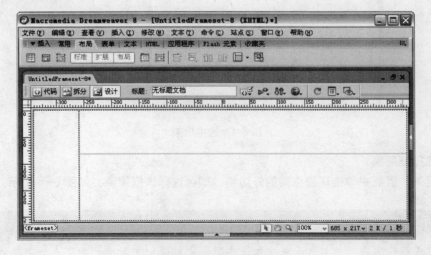

图 6-3　预定义框架集

技 巧

在源代码中的<head>...</head>之间加入如下代码:

```
<script language="javascript"><!--
if (self!=top){top.location=self.location;}
--></script>
```

就可以避免网页放入他人的框架中。

6.2 框架和框架集的基本操作

6.2.1 课堂实训3——选择框架和框架集

选择框架和框架集的方法有两种,一种是在"框架"面板中选择框架或框架集;另一种是在文档窗口中选择框架或框架集。

实讲实训
多媒体演示
多媒体演示参见配套光盘中的\\视频\第6章\选择框架和框架集.avi。

1. 在"框架"面板中选择框架或框架集

具体操作如下:

(1) 选择框架
按下 Shift+F2 组合键打开"框架"面板,单击某个框架,即可选择该框架,如图6-4所示。

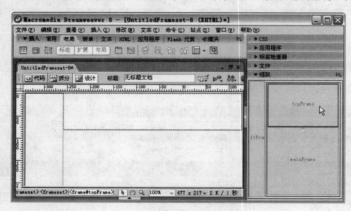

图6-4 选中框架

(2) 选择框架集
在"框架"面板中单击环绕框架的外边框,即可选择该框架集,如图6-5所示。

 提 示

当框架或框架集在"框架"面板中被选中时,文档窗口中对应的框架或框架集的边框将出现选择线(点线)。

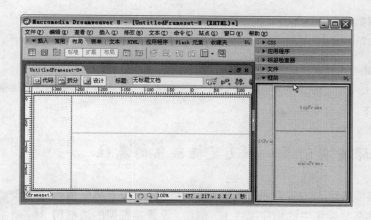

图 6-5　选择框架集

2．在文档窗口选择框架或框架集

在文档窗口的某个框架内按住 Alt 键单击，即可选择该框架。当一个框架被选择时，该框架边框即带有点线轮廓。

6.2.2　课堂实训 4——保存框架和框架集

（1）保存框架

具体步骤如下：

Step 01 在框架集的文档窗口中，将光标停留在要保存的框架中（在此选择右上框架）。

Step 02 选择"文件"｜"保存框架页"选项，弹出框架"另存为"对话框，将该框架页保存在 ch06 文件夹下，名称为 06B.asp。

Step 03 重复步骤 1、2，保存其余的框架。左列的框架保存为 06C.asp；右下的框架保存为 06D.asp。如图 6-6 所示。

> 实讲实训
> 多媒体演示
>
> 多媒体演示参见配套光盘中的\\视频\第6章\保存框架和框架集.avi。

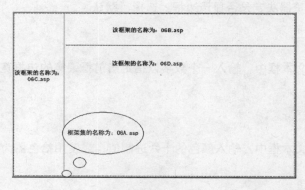

图 6-6　保存各个框架

（2）保存框架集

具体步骤如下：

Step 01 在框架集的文档窗口中，选择框架集。

Step 02 选择"文件"｜"框架集另存为"选项，弹出框架集"另存为"对话框，将该框架集保存在 ch06 文件夹下，名称为 06A.asp。

6.2.3　课堂实训 5——设置框架集的属性

使用框架集"属性"面板可以设置边框和框架大小。设置框架属性会将该属性覆盖在框架集中的相应属性上。例如，设置某框架的边框属性，将被覆盖在框架集中对该框架设置的边框属性上。

使用 Dreamweaver 可以在文档中快速创建预定义框架集。预定义框架集采用以下默认属性值：无边框、无滚动条、在浏览器中浏览时不能调整框架的大小。要改变默认值，可在"属性"面板中选择并修改相应的选项，如图 6-7 所示。

多媒体演示参见配套光盘中的\\视频\第6章\设置框架集的属性.avi。

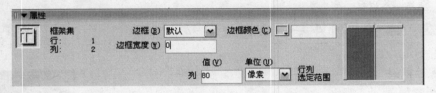

图 6-7　设置属性

1．边框

在边框下拉列表中，设置当文档在浏览器中被浏览时是否显示框架边框：

- 要显示边框，选择"是"。
- 不显示边框，选择"否"。
- 让用户的浏览器决定是否显示边框，选择"默认"。

2．边框宽度

在"边框宽度"文本框中，输入一个数字以指定当前框架集的边框宽度。输入 0，表示无边框。

3．边框颜色

在"边框颜色"文本框中，输入颜色的十六进制值，或使用拾色器为边框选择颜色。

4．值

指定所选择的行或列的大小。

5. 单位

指定所选择的行或列是以像素为单位的固定大小，或显示为浏览器窗口的百分比，还是扩展或缩小以填充窗口中的剩余空间。

- 像素　以像素数设置列宽度或行高度。这个单位对总是要保持一定大小的框架（如导航栏）是最好的选择。如果为其他框架设置了不同的单位，这些框架的空间大小只能在以像素为单位的框架完全达到指定大小之后才分配。
- 百分比　当前框架行（或列）占所属框架集高度（或宽度）的百分比。设置以百分比为单位的框架行（或列）的空间分配优先于以像素为单位的框架行（或列）的设置。
- 相对　当前框架行（或列）相对于其他行（或列）所占的比例。

6.2.4　课堂实训6——设置框架的属性

使用框架"属性"面板可以查看和设置框架属性，包括命名框架、设置边框和边距等，具体操作步骤如下：

实讲实训
多媒体演示
多媒体演示参见配套光盘中的\\视频\第6章\设置框架的属性.avi。

Step
01　选择一个框架。在文档窗口，按住 Alt 键单击一个框架，在这里选择 06B.asp 框架，如图 6-8 所示。

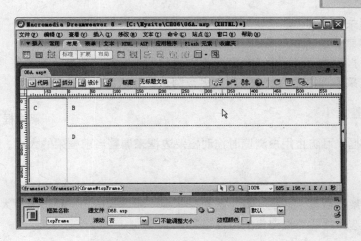

图6-8　选择一个框架

Step
02　如果"属性"面板没有打开，选择"窗口"｜"属性"选项，打开"属性"面板。单击"属性"面板右下角的扩展箭头，可以查看所有框架属性，并做如图 6-9 所示的设置。

图6-9　框架"属性"面板

1．框架名称

要命名框架，在框架名称文本框中输入名称。在这里将该框架命名为_top。

注 意

所有的框架在创建的过程中，系统已经默认地为每一个框架设置了一个框架名称。

在这里输入的框架名，将被超链接和脚本引用。因此，命名框架必须符合以下要求：

- 框架名称必须是单个词，允许使用下划线(_)，但不允许使用连字符（－）、句点（.）和空格。
- 框架名称必须以字母起始（而不能以数字起始），框架名称区分大小写。
- 不要使用 JavaScript 中的保留字（例如，top 或 navigator）作为框架名称。

2．源文件

用来指定在当前框架中打开的源文件（网页文件）。

3．滚动

用来设置当没有足够的空间来显示当前框架的内容时是否显示滚动条。本项属性有 4 种选择：

- 是　显示滚动条。
- 否　不显示滚动条。
- 自动　当没有足够的空间来显示当前框架的内容时自动显示滚动条。
- 默认　采用浏览器的默认值（大多数浏览器默认为自动）。

4．不能调整大小

选择此复选框，可防止用户浏览时拖动框架边框来调整当前框架的大小。

5．边框

决定当前框架是否显示边框，有"是"、"否"和"默认"3 种选择。大多数浏览器默认为"是"。此项选择将覆盖框架集的边框设置。

6．边框颜色

设置与当前框架的边框颜色。此项选择覆盖框架集的边框颜色设置。

7．边界宽度

以像素为单位设置左和右边距（框架边框与内容之间的距离）。

8．边界高度

以像素为单位设置上和下边距（框架边框与内容之间的距离）。

6.2.5 课堂实训 7——超链接框架目标的指定

当对象被指定为超链接之后，"属性"面板中的超链接目标框变为激活状态，单击其下拉按钮，弹出链接目标下拉列表框，如图 6-10 所示。

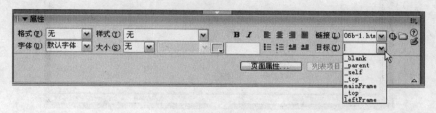

图 6-10 在"属性"面板中设置链接目标

- _blank 表示弹出一个新的窗口来放置链接的页面。
- _parent 表示用父窗口来放置链接的页面。
- _self 表示用自己来放置链接的页面。
- _top 表示删除所有的框架结构来显示链接的页面。

其他的目标名称为框架集中包含的框架，也可指定在这些框架目标中显示所链接的内容页面。这就给页面设计带来了极大的方便。可以创建一个框架集，将其中一个框架作为索引框架，另一个框架作为内容框架，当用户在浏览器中单击索引框架中的链接时，对应的链接内容便会在内容框架中显示。

6.3 案例实训——创建电子图书

本案例是通过框架来创建一个电子图书（完整的案例可以参阅光盘中的 ch06\FINAL 目录）。具体操作步骤如下：

实讲实训
多媒体演示

多媒体演示参见配套光盘中的\\视频\第6章\创建电子图书.avi。

Step
01 打开或新建一个空白的文档，在该文档中创建一个 ▦ 框架集，如图 6-11 所示。

Step
02 命名框架。将左列框架命名为 index、右列上部框架命名为_top、右列下部框架命名为 main，如图 6-12 所示。

Step
03 保存框架。将框架集保存为 06A.asp 文档，index 框架保存为 06B.asp 文档，_top 框架保存为 06C.asp 文档，main 框架保存为 06D.asp，文档均保存在 ch06 文件夹下。

Step
04 设置框架的行或列。将 index 框架的列设置为 150 像素，_top 框架的行设置为 90 像素。如图 6-13 所示。

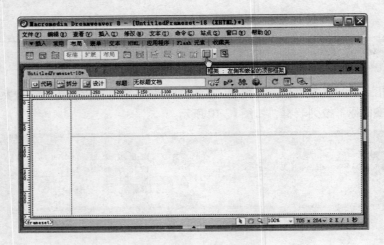

图 6-11 创建一个框架集

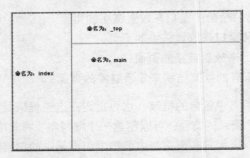

图 6-12 命名框架

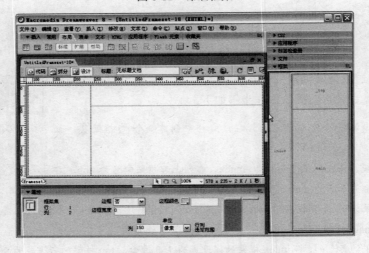

图 6-13 设置框架的行或列

 提 示

　　可以在"框架"面板中先选中框架，然后在框架的"属性"面板中设置所对应的框架的行或列的值（框架的大小）。

Step
05 设置页面的配色方案。单击"属性"面板中的"页面属性"按钮,将 index 框架的 06B.asp 文档的文本颜色设置为#669966,背景颜色设置为#FFCC99,如图 6-14 所示。

Step
06 将链接颜色按图 6-14 右侧图进行设置,然后单击"确定"按钮。

图 6-14　设置页面的配色方案

Step
07 定义样式。选择"文本"|"CSS 样式"|"新建"选项,将 index 框架的 06B.asp 文档的 tr 标签定义为宋体 9points。

Step
08 填充页面。在 index 框架 06B.asp 文档中输入如图 6-15 所示的文本并插入一个 9 行 1 列的表格。

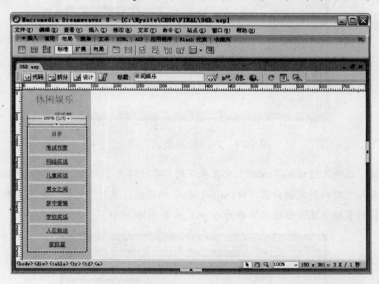

图 6-15　填充页面

其中"休闲娱乐"文本为隶书 5 号字体,颜色为#66CC00;表格边框的颜色为白色;单元格的高度为 30 像素,单元格的对齐方式为水平居中、垂直居中。

Step
09 在"页面属性"对话框中将_top 框架的标题设置为"标题栏",将所有边界都设置为 0,如图 6-16 所示。

Step
10 将光标停留在_top 框架中,输入文本并插入 images 文件夹下的图像,其中文本为 4 号宋体,颜色为#66CC00,如图 6-17 所示。

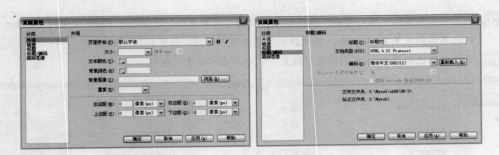

图 6-16　设置页面边界和标题

图 6-17　填充_top 框架

Step 11 完成 index 和_top 框架的填充和设置后的结果如图 6-18 所示。

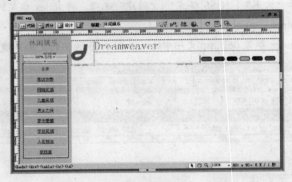

图 6-18　完成框架集面的填充

Step 12 设置链接。选中左边框架（index）中目录下的"考试作弊"文本，在"属性"面板中的"链接"框中设置与之对应的笑话内容（WJ/wj6-1.asp）的链接。这时"目标"框变为激活状态，从"目标"下拉列表框中选择链接的目标为 main，如图 6-19 所示。

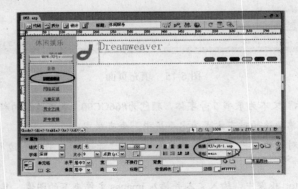

图 6-19　指定链接与目标

用户如果在浏览器中浏览这个页面的时候，单击"考试作弊"文本，则被链接的文件将在 main

框架中打开。

Step 13 使用相同的方法设置其他"笑话"目录所链接的内容和链接目标，其他的链接目标均为 main 框架。笑话目录各项和 WJ 文件夹中 wj6-1.asp ~ wj6-8.asp 是一一对应的关系。

Step 14 指定框架源文件。选中 main 框架，在"属性"面板中的"源文件"文本框中设置框架的源文件。单击旁边的文件夹，选择 WJ 文件夹中 wj6-1.asp 文件，如图 6-20 所示。

图 6-20　重新指定框架源文件

 提 示

如果在框架集面中不易选择所需要的框架，可使用 Ctrl+F2 快捷键，在打开的"框架"面板中选择框架。

Step 15 设置了源文件后的页面效果如图 6-21 所示。

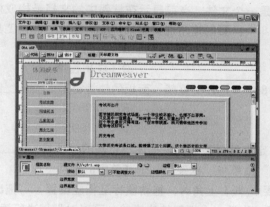

图 6-21　显示源文件

Step 16 在文档窗口的菜单栏中选择"文件"│"保存全部"选项，将所有的框架进行保存。
Step 17 按 F12 键便可预览该实例。

 注 意

其中各种状态下的链接颜色，可根据喜好和需要自行设置。

6.4　习题

一、选择题

1. 下列关于选择框架的说法中，正确的是_____。

A．在"文档"窗口的"设计"视图中，按住 Alt 键的同时单击一个框架

B．在"框架"面板中单击框架

C．在"文档"窗口的"设计"视图中，直接单击一个框架

D．通过移动方向键，可选择不同的框架

2．要将一个框架拆分成几个更小的框架，关于可执行的操作说法中正确的是：_____。

A．要拆分插入点所在的框架，从"修改"｜"框架页"子菜单中选择"拆分"项

B．要以垂直或水平方式拆分一个框架或一组框架，可将框架边框从"设计"视图的边缘拖入"设计"视图的中间

C．要使用不在"设计"视图边缘的框架边框拆分一个框架，请在按住 Ctrl 键的同时拖动框架边框

D．要将一个框架拆分成 4 个框架，可将框架边框从"设计"视图一角拖入框架的中间

3．下列关于框架的说法正确的一项是_____。

A．在 Dreamweaver 8 中，通过框架可以将一个浏览器窗口划分为多个区域

B．框架就是框架集，框架集也就是框架

C．保存框架是指系统一次就能将整个框架保存起来，而不是单个保存框架

D．框架实际上是一个文件，当前显示在框架中的文档是构成框架的一部分

4．在 Dreamweaver 8 中，要创建预定义框架，应执行_____工具栏中的命令。

A．常用   B．布局

C．HTML   D．应用程序

5．在 Dreamweaver 8 中，打开"框架"面板的快捷键是_____组合键。

A．Crtl+F2   B．Shift+F2

C．Crtl+F1   D．Shift+F1

6．下列关于创建自定义框架集的方法描述不正确的一项是_____。

A．选择"修改"菜单中"框架页"子菜单中的选项

B．将光标移动到边框右上角时，拖动鼠标至相应位置，可拖出 4 个框架

C．按下 Shift 键，拖动一个框架的边缘线，可以对框架进行垂直或水平划分

D．将光标移动到文档窗口的边界线上，当鼠标指针变成双向箭头时拖动鼠标至相应位置，即可创建一条边框线

二、简答题

1．简述框架的作用。

2．简述框架集的概念。

三、操作题

1．打开一空文档窗口，并在该文档中创建一个 的框架。

2．选中左边的框架，将框架名称命名为 left0，顶部命名为 top0，右边框架命名为 main0。将框架集文件名称命名为"6-1.asp"，保存到 ch06 文件夹中。

Chapter 7

页面布局视图的使用

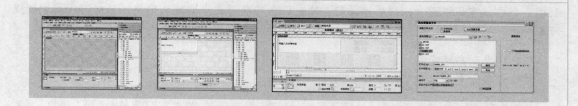

本章中所涉及的素材文件，可以参见配套光盘中的\\Mysite\ch07。

基础知识 ◆ 布局表格和布局单元格的基本知识

◆ 布局视图的切换

重点知识 ◆ 创建布局表格和布局单元格

◆ 选择布局表格和布局单元格

◆ 调整布局表格和布局单元格的大小

提高知识 ◆ 布局表格和布局单元格的移动

◆ 设置布局宽度

7.1 布局表格和布局单元格的基本知识

在页面布局中一种常用的方法是使用 HTML 表格对元素进行定位。但是，使用表格进行布局不太方便，因为最初创建表格是为了显示表格数据，而不是用于对 Web 页进行布局。

为了简化使用表格进行页面布局的过程，Dreamweaver 8 提供了布局视图。在布局视图中，可以使用表格作为基础结构来设计自己的网页，避免了使用传统方法布局时经常出现的一些问题。例如，在布局视图中可以在页面上绘制布局单元格，然后将这些布局单元格移动到所需的位置，达到布局页面的目的。

7.1.1 课堂实训 1——布局视图的切换

在绘制布局表格或布局单元格之前，必须从标准视图切换到布局视图。

提示

如果在标准视图中创建了一个表格，然后切换到布局视图，则布局表格可能包含空的布局单元格。这就需要先删除这些空的布局单元格才能创建新的布局单元格或移动布局单元格。当创建一个要在布局视图中进行编辑的新表格时，在布局视图中创建表格要比在标准视图中创建简单一些。

(1) 切换到布局视图

具体步骤如下：

Step 01 如果"设计"视图不可见，选择"查看"｜"设计"选项或"查看"｜"代码和设计"选项。（在代码视图中不能启用或禁用布局视图。）

Step 02 选择"查看"｜"表格模式"｜"布局模式"选项或单击"插入"工具栏"布局"标签中的"布局模式"按钮 布局 。

(2) 切换出标准视图

具体操作步骤如下：

Step 01 按照上述方法显示"设计"视图。

Step 02 选择"查看"｜"表格模式"｜"标准模式"选项或单击"插入"工具栏"布局"标签中的"标准模式"按钮 标准 。

7.1.2 课堂实训 2——布局表格

布局表格与布局单元格虽然在本质上都是表格，但是在实际的网页布局中，使用布局表格与布局单元格远比使用表格要简单快捷得多。布局表格的使用方法也很简单，只要将文档的窗口切换到布局视图窗口，单击"布局表格"按钮 。在页面中拖动十字指针，便可简单地绘制出一个布局表格。如图 7-1 所示。

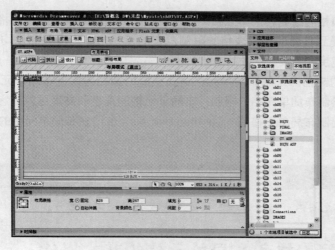

图 7-1　绘制布局表格

如果在一个页面中只是简单地绘制出一个布局表格，而没有绘制布局单元格，那么布局表格的表面呈灰色，此时将不能向布局表格内输入任何文本和插入图像。但是在布局单元格内却是可以的。

7.1.3　课堂实训 3——布局单元格

布局单元格在布局视图中主要用来放置和定位网页元素。布局单元格的使用也是很简单的，具体的操作方法是：

Step 01　将当前文档的窗口切换到布局视图窗口。

Step 02　单击"绘制布局单元格"按钮 。在页面中拖动十字指针，便可绘制出一个布局单元格。如图 7-2 所示。

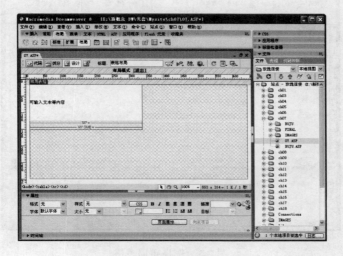

图 7-2　绘制布局单元格

布局单元格可以在下列两种条件下绘制：

- 在布局表格内绘制布局单元格。如果在布局表格内绘制布局单元格，所绘制的布局单元格将受到其外的布局表格的限制，布局单元格的宽度和高度均不能超出其外布局表格的宽度和高度。
- 在空白的文档内绘制布局单元格。在空白的文档内绘制布局单元格，没有像在布局表格内绘制布局单元格的限制。布局单元格的宽度和高度可以随意。另外，在空白的文档内绘制布局单元格后，Dreamweaver 8 会自动在布局单元格的外边添加一个布局表格。

提 示

只有在布局单元格内可以进行输入网页元素或插入图像等操作。

7.2 布局表格和布局单元格的基本操作

7.2.1 课堂实训4——选择布局表格和布局单元格

(1) 选择布局表格

须要执行下列操作之一：

- 双击所绘制的布局表格中的 标志。
- 单击文档窗口左下角的 `<table>` 标签，如图7-3所示。

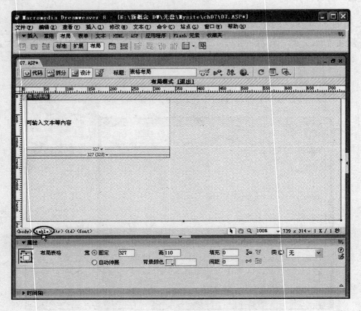

图7-3 选择布局表格

（2）选择布局单元格

须要执行下列操作之一：

- 按下 Ctrl 键，同时在所绘制的布局单元格内单击。
- 将光标停留在布局单元格内，单击文档窗口左下角的<td>标签，如图 7-4 所示。

图 7-4　选择布局单元格

7.2.2　课堂实训 5——调整布局表格和布局单元格的大小

（1）调整布局表格的大小

具体操作步骤如下：

Step 01 选中要调整的布局表格。

Step 02 选择布局表格边线上的调整手柄，拖动鼠标便可调整布局表格的大小，如图 7-5 所示。

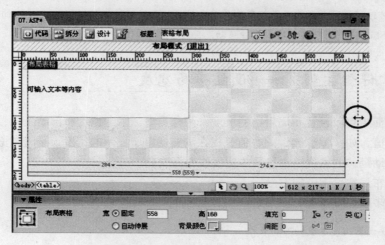

图 7-5　调整布局表格大小

(2) 调整布局单元格的大小

具体操作步骤如下：

Step 01 选中要调整的布局单元格。

Step 02 选择布局单元格边线上的调整手柄，拖动鼠标便可调整布局单元格的大小，如图 7-6 所示。

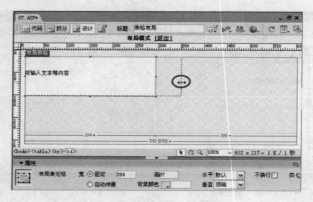

图 7-6　调整布局单元格大小

7.2.3　课堂实训 6——移动布局表格和布局单元格

移动布局表格和布局单元格的操作很重要，此操作可以便捷地定位布局表格和布局单元格。需要注意被移动的条件是：布局表格或布局单元格的周围必须有一定的可移动空间，也就是有灰色的空白包围着，这样才可以被移动。通常，嵌套的布局表格才可以被移动。具体操作步骤如下：

Step 01 选中要移动的布局表格或布局单元格。

Step 02 使用方向键便可移动布局表格或布局单元格了，但这样每次只能移动 1 像素的距离；如果是在按下 Shift 键的同时再利用方向键移动，每次可移动 10 像素的距离。

7.2.4　课堂实训 7——设置布局宽度

在布局页面中可以设置布局表格的宽度有两种类型：固定宽度和自动延伸。固定宽度就是一个已定的数值，如 775 像素，此数值是指在浏览器中所显示的宽度，不随浏览器的宽度的变化而改变；自动延伸的宽度随浏览器的宽度改变而改变。

(1) 设置布局宽度为固定宽度

具体操作步骤如下：

Step 01 选择要设置固定宽度的布局表格，如图 7-7 所示。

Step 02 在菜单栏中选择"窗口"|"属性"选项，打开"属性"面板。

Step 03 在"属性"面板中选择"固定"单项按钮，并在后面的文本框中输入一个数值，在此输入 640，其单位在默认的条件下是像素，如图 7-8 所示。

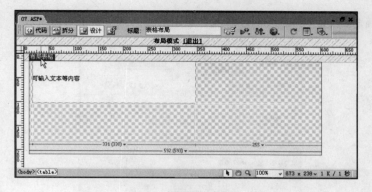

图 7-7　选择布局表格

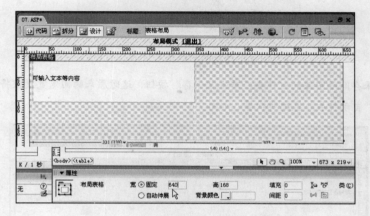

图 7-8　设置宽度

（2）设置布局宽度为自动延伸

具体操作步骤如下：

Step 01 选择要设置自动延伸宽度的布局表格。

Step 02 在菜单栏中选择"窗口"｜"属性"选项，打开"属性"面板。

Step 03 在"属性"面板中选中"自动伸展"单选按钮，弹出"选择占位图像"对话框，询问是否设置间隔图像，在这里选中"创建占位图像文件"单选按钮，如图 7-9 所示。

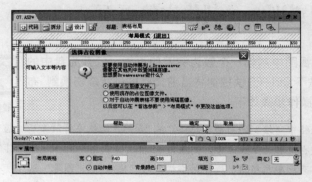

图 7-9　"选择占位图像"对话框

Step 04 单击"确定"按钮,弹出"保存间隔图像文件为"对话框,如图 7-10 所示。

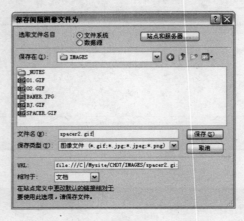

图 7-10 "保存间隔图像文件为"对话框

Step 05 选择好保存间隔图像的文件夹,单击"保存"按钮,这时原来的固定宽度值将被"波浪线"所表示的"自动伸展"宽度所代替,如图 7-11 所示。

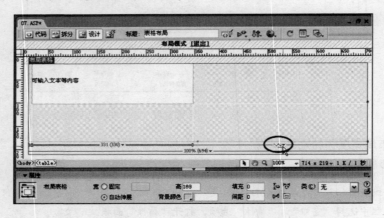

图 7-11 "自动伸展"宽度

7.3 案例实训——制作完整页面

本案例将在布局视图中制作一个较为完整的页面。打开光盘中的 ch07\07.ASP 文件,按下 Ctrl+F6 快捷键将当前文档窗口状态切换到"布局模式"状态。具体操作步骤如下:

> 实讲实训
> 多媒体演示
>
> 多媒体演示参见配套光盘中的\\视频\第7章\制作完整页面.avi。

Step 01 选中在布局表格中所绘制的布局单元格,在"属性"面板中将该布局单元格的宽度也设置为 775 像素,高度为 68 像素,如图 7-12 所示。

Step 02 将光标停留在布局单元格内,选择菜单栏中的"插入"│"图像"选项,在弹出的"选择图像源文件"对话框中,选择存放在 ch07\IMAGES 文件夹下的 BANER.JPG

图像，如图 7-13 所示。

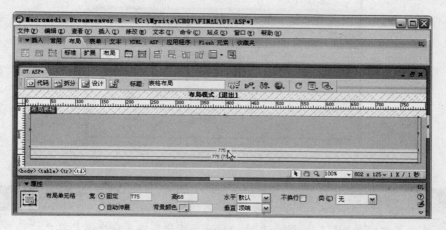

图 7-12　设置布局单元格的宽度和高度

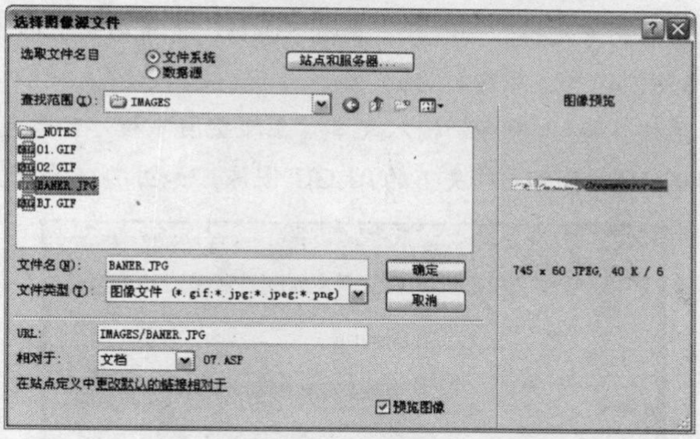

图 7-13　选择图像源文件

Step 03　选择图像文件后，单击"确定"按钮，便可在布局单元格内插入该图像文件，如图 7-14 所示。

图 7-14　插入图像文件

Step 04　单击"绘制布局单元格"按钮 ▤，在已经插入图像的布局表格下面绘制 3 个布局单元格，如图 7-15 所示。

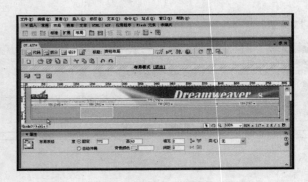

图 7-15　绘制布局单元格

提 示

在绘制布局单元格的同时，系统会自动绘制一个布局表格来包含布局单元格。

Step 05 分别选中所绘制的布局单元格，并打开"属性"面板，将布局单元格的宽度和高度分别设置为：
（156、40）、（338、40）、（199、40）。

Step 06 在所绘制布局单元格 1 和 2 内分别输入文本"生活空间"和"音乐天地"，并在布局单元格 3
内插入存放在 ch07\IMAGES 文件夹下的 01.GIF 图像，如图 7-16 所示。

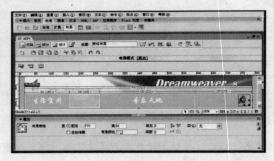

图 7-16　在布局单元格内输入文本和插入图像

Step 07 在其下绘制 2 个布局单元格，分别选中并同时打开"属性"面板，将单元格的宽度和高度分别
设置为：（148、326）、（516、326），如图 7-17 所示。

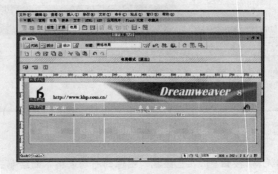

图 7-17　绘制 2 个布局单元格

Step 08 在图 7-17 所示布局单元格（1）中绘制 4 个宽度为 136 像素，高度为 34 像素的布局单元格，并在其单元格内分别输入文本，如图 7-18 所示。

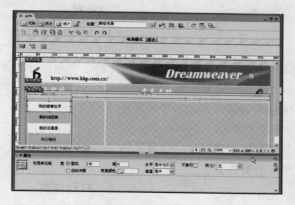

图 7-18　在布局单元格中输入文本

Step 09 填充布局单元格内容。完成所对应的布局单元格文本的输入，结果如图 7-19 所示。

图 7-19　插入布局单元格文本

Step 10 最后将"布局模式"转化为"标准模式"。在"标准模式"中根据自己的审美观进行调整，可为布局单元格的边框进行修饰，结果如图 7-20 所示。

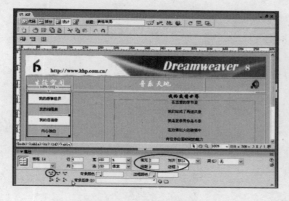

图 7-20　修饰布局单元格

7.4 习题

一、选择题

1. 若要使用键盘从一个单元格移动到另一个单元格，下列可行的操作是_____。

   A. 按 Tab 键移动到下一个单元格

   B. 按 Shift+Tab 组合键移动到上一个单元格

   C. 按箭头键上下左右移动

   D. 按 Shift+Alt 组合键移动到上一个单元格

2. 在布局表格中没有的属性是_____。

   A. 背景颜色　　　　　　　　　　　B. 自动伸展

   C. 间距　　　　　　　　　　　　　D. 换行

二、简答题

1. 简述使用布局视图的意义。

2. 简述绘制布局单元格的两种条件。

三、操作题

1. 将当前文档的标准视图切换到布局视图，并绘制布局表格和布局单元格。

2. 参照本章中的案例实训，在布局视图窗口下创建类似案例实训中的布局页面。

Chapter

链接

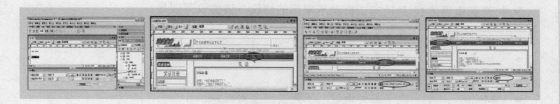

本章中所涉及的素材文件，可以参见配套光盘中的\\Mysite\ch08。

基础知识
- ◆ 链接的基本知识
- ◆ 路径的基本知识
- ◆ 使用"属性"面板创建链接

重点知识
- ◆ 指向文件图标创建链接
- ◆ 直接拖动来创建链接

提高知识
- ◆ 创建锚记链接
- ◆ 创建空链接
- ◆ 创建电子邮件链接
- ◆ 创建下载链接

8.1 链接和路径概述

8.1.1 链接

链接是网页的灵魂，它合理、协调地把网站中的众多页面构成一个有机整体，使访问者能访问到自己想要看的页面。

超链接可以是一段文本，一幅图像或者其他的网页元素。当在浏览器中单击这些对象时，浏览器就会根据其指示载入一个新的页面或者跳转到页面的其他位置。

8.1.2 路径

1. URL 简介

URL（Uniform Resource Locator，统一资源定位符）主要用于指定欲取得因特网上资源的位置与方式。一个 URL 的构成如下：

[资源取得方式]: //[URL 地址][port]/[目录]/.../[文件名称]

其中[资源取得方式]是访问该资源所采用的协议，该协议可以是：

- http: //　　　　超文本传输协议。
- ftp: //　　　　 文件传输协议。
- Gopher: //　　 gopher 协议。
- Mailto:　　　　电子邮件地址（不需要两条斜杠）。
- News:　　　　　Usernet 新闻组（不需要两条斜杠）。
- Telnet:　　　　使用 Telnet 协议的互动会话（不需要两条斜杠）。
- File: //　　　　本地文件。

[URL 地址]是存放该资源主机的 IP 地址，通常以字符形式出现。例如，www.khp.com.cn。

[port]是服务器在该主机所使用的端口号。一般情况下端口号不需要指定，只有当服务器所使用的端口号不是默认的端口号时才指定。

[目录]和[文件名称]是该资源的路径和文件名。

2. 深刻理解路径

要正确创建链接，必须了解链接与被链接文档之间的路径。每个网页都有一个唯一的地址，即 URL。然而，当用户创建内部链接（同一站点内一个文档向另一个文档的链接）时，一般不会指定被链接文档的完整 URL，而是指定一个相对于当前文档或站点根文件夹的相对路径。下面介绍常用的 3 种文档路径类型：

- 绝对路径　绝对路径就是被链接文档的完整 URL，包括所使用的传输协议（对于网页通常是 http://）。从一个网站的网页链接到另一个网站的网页时，必须使用绝对路径，以保证当一个网站的网址发生变化时，被引用的另一个页面的链接还是有效的。例如，http://www.macromedia.com/support/dreamweaver/contents.asp。

● 文档相对路径　文档相对路径指以原来文档所在位置为起点到被链接文档所经过的路径。这是用于本地链接最适宜的路径。例如，dreamweaver/contents.asp 就是一个文档相对路径。当用户要把当前文档与处在相同文件夹中的另一文档链接，或把同一网站下不同文件夹中的文档相互链接时，就可以使用相对路径。指定文档相对路径时，省去了当前文档和被链接文档绝对 URL 中相同的部分，只留下不同的部分。具体有下面几种情况。

◆ 要把当前文档与处在相同文件夹中的另一个文档链接，只要提供被链接文档的文件名即可。

◆ 要把当前文档与位于当前文档所在文件夹的子文件夹里的文件链接，要提供子文件夹名、正斜杠和文件名。

◆ 要把当前文档与位于当前文档所在文件夹的父文件夹里的文件链接，只需要在文件名前加上 "../"（ ".." 表示上一级文件夹）。

● 根相对路径　根相对路径是指从站点根文件夹到被链接文档所经过的路径。一个根相对路径以正斜杠开头，其代表站点根文件夹。例如，/support/tips.asp 就是站点根文件夹下的 support 子文件夹中的一个文件 tips.asp 的根相对路径。根相对路径是指定网站内文档链接的最好方法，因为在移动一个包含相对链接的文档时，无需对原有的链接进行修改。

8.2 创建链接的方法

Dreamweaver 8 创建链接的方式很快捷，方法也比较简单。主要有 4 种方法，分别是：使用"属性"面板创建链接、指向文件图标创建链接、快捷菜单创建链接和直接拖动。

8.2.1 使用"属性"面板创建链接

要使用"属性"面板把当前文档中的文本或图像链接到另一个文档，其操作步骤如下：

Step 01 选择窗口中要链接的文本或图像。选择"窗口"｜"属性"选项，打开"属性"面板，并执行以下操作之一：

实讲实训
多媒体演示

多媒体演示参见配套光盘中的\\视频\第8章\使用"属性"面板创建链接.avi。

● 单击"链接"框右边的"浏览文件"图标，如图 8-1 所示，在弹出的"选择文件"对话框中浏览并选择一个文件。注意，在"选择文件"对话框中的"相对于"下拉列表中，通常选择"文档"而不选择"站点根目录"。单击"选择文件"对话框中的"确定"按钮，在"链接"框中将显示出被链接文件的路径。

图 8-1 "属性"面板

📚 **注 意**

当修改"相对于"下拉列表中的路径时，Dreamweaver 8 把该项选择设置为以后创建链接的默认路径类型，直至改变该项选择为止。

● 在"属性"面板的"链接"框中，输入要链接的文档的路径，如图 8-2 所示。

图 8-2 输入要链接文档的路径

Step 02 选择被链接文档的载入位置。在默认情况下，被链接文档在当前窗口或框架中打开。要使被链接的文档显示在其他地方，需要从"属性"面板的"目标"下拉列表中选择一个选项，如图 8-3 所示。

图 8-3 被链接文档的载入位置

8.2.2 使用"指向文件"图标创建链接

使用"属性"面板中的"指向文件"图标 ⊕ 创建链接的步骤如下：

Step 01 在文档窗口中选择文本或图像。

Step 02 在"属性"面板中，拖动"链接"框右边的"指向文件"图标 ⊕ 到被链接的文档中，如图 8-4 所示。

Step 03 释放鼠标左键。

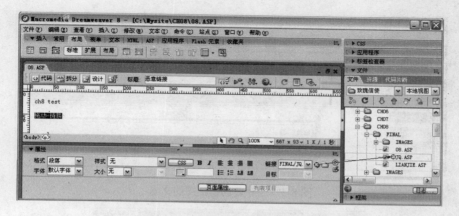

图 8-4　通过拖动来创建链接

8.2.3　使用快捷菜单创建链接

使用快捷菜单来创建图像的链接的操作步骤如下：

Step 01 在文档窗口中，单击要加入链接的图像。

Step 02 右击，在弹出的菜单中选择"创建链接"选项，或者从菜单栏中选择"修改"｜"创建链接"选项。

技巧

对超链接使用如下代码：

```
<a href="http://www.sohu.com" onMouseOver="window.status='none';return
true">搜狐网</a>
```

就可以隐藏状态栏里出现的 LINK 信息。

8.3　创建链接

8.3.1　课堂实训1——创建下载链接

下载链接这种链接效果在网站中是非常实用的。一般用于教程、软件或一些文件的下载，以方便浏览者更好地学习，也有利于网络资源的交互。具体操作步骤如下：

> **实讲实训**
> **多媒体演示**
>
> 多媒体演示参见配套光盘中的\\视频\第8章\创建下载链接.avi。

Step 01 选中要设置下载链接的文本，如图8-5所示。

Step 02 在菜单栏中选择"窗口"｜"属性"选项，打开"属性"面板。

Step 03 单击"属性"面板"链接"框右边的"浏览文件"图标，弹出"选择文件"对话框，如图8-6所示。

图 8-5 选择要创建链接的文本

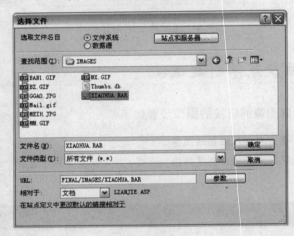

图 8-6 "选择文件"对话框

Step 04 在"选择文件"对话框中，选择要链接的下载文件，如 XIAOHUA.RAR 文件，然后单击"确定"按钮返回，这样便完成了下载链接的创建，结果如图 8-7 所示。

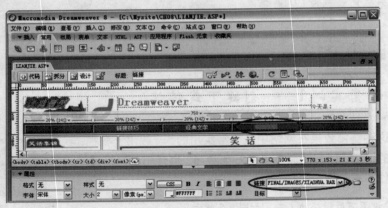

图 8-7 建立下载链接

Step 05 按 F12 键预览，在浏览窗口中，单击该链接便会弹出"文件下载"对话框，如图 8-8 所示。

图 8-8 "文件下载"对话框

8.3.2 课堂实训 2——创建空链接

所谓空链接，就是没有目标端点的链接。利用空链接，可以激活文档中链接对应的对象和文本。一旦对象或文本被激活，则可以为之添加一个行为，以实现当光标移动到链接上时进行切换图像或显示分层等动作。如在 LIANJIE.ASP 文档的"导航栏"中的"我的主页"文本就没有必要设置带有目标的链接，因为当前所在的位置就是在"我的主页"的位置，但是为了能看到链接的效果，在这里需要设置一个空链接。具体操作步骤如下：

实讲实训
多媒体演示

多媒体演示参见配套光盘中的\\视频\第8章\创建空链接.avi。

Step
01 在文档窗口中，选中要设置空链接的文本"我的主页"。

Step
02 打开"属性"面板，并在"属性"面板的"链接"框中输入一个"#"，如图 8-9 所示。

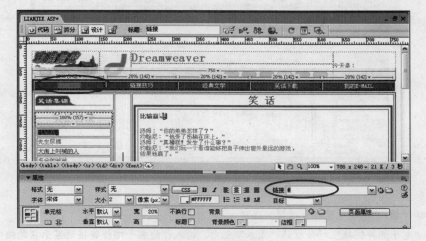

图 8-9 创建空链接

提示

这里的 "#" 一定是半角状态下的符号，否则将会产生一个错误的链接。

技 巧

解决单击空链接的对象后跳到页面顶端的现象。

浏览器以为链接到同一页，可又找不到定义的锚记，于是停留在页面的顶端。用 javascript:void(null)替换空链接的 "#"，可解决这个问题。

8.3.3　课堂实训 3——创建电子邮件链接

在网页上创建电子邮件链接，可方便用户意见的反馈。当浏览者单击电子邮件链接时，可打开浏览器默认的电子邮件处理程序，其中收件人的邮件地址被电子邮件链接中指定的地址所替代，无需浏览者手动输入。

多媒体演示参见配套光盘中的\\视频\第8章\创建电子邮件链接.avi。

（1）使用插入邮件链接命令创建电子邮件链接

具体操作步骤如下：

Step 01 把光标置于文档窗口希望显示电子邮件链接的对象上，如选中文档中的 "我的 E-MAIL" 文本，如图 8-10 所示。

图 8-10　选中链接文本

Step 02 选择 "插入" ｜ "电子邮件链接" 选项。

Step 03 在 "电子邮件链接" 对话框的 "文本" 框中，输入作为电子邮件链接所显示在文档中的文本。

Step 04 在 E-Mail 文本框中，输入邮件应该送达的 E-Mail 地址，如图 8-11 所示。

图 8-11 "电子邮件链接"对话框

Step 05 单击"确定"按钮。

(2) 使用"属性"面板创建电子邮件链接

其具体操作步骤如下:

Step 01 在文档窗口中选择要创建电子邮件链接的文本或图像,在这里选择文档窗口左下角的邮件图像。

Step 02 在"属性"面板的"链接"框中输入"mailto:"和电子邮件地址"test168@163.net",如图 8-12 所示。

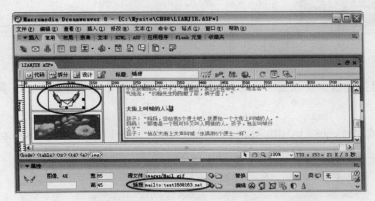

图 8-12 电子邮件链接

技巧

在网页源文件中加入如下代码:

```
< a href="mailto:yourmail@xxx.xxx?Subject=有事请教">Send Mail< /a>
```

就可以加入电子邮件链接并显示预定的主题。

8.4 案例实训——创建锚记链接

创建锚记链接(简称锚记)就是在文档中插入一个位置标记,并给该位置设置一个名称,以便引用。本案例主要是创建锚记链接,通过创建锚记,可以使链接指向当前文档或不同文档中的指定位置。锚记常常被用来跳转到特定的主题或文档的顶部,使访问者能够快速浏览到选定的位置,加快信息检索速度,也可到任意指定的位置,如图 8-13 所示。

实讲实训
多媒体演示

多媒体演示参见配套光盘中的\\视频\第8章\创建锚记链接.avi。

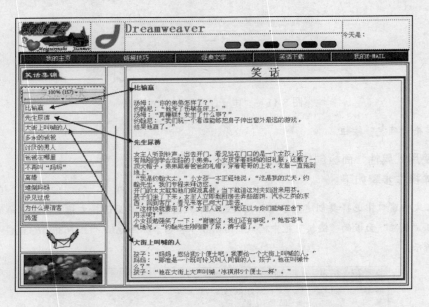

图 8-13　锚记链接

创建锚记链接，首先要设置一个命名锚记，然后建立到命名锚记的链接。具体操作步骤如下：

Step 01 打开光盘中的 ch08\LIANJIE.ASP 文件，把光标置于文档中"比输赢"文本的右边（文档中需要设置锚记的地方），如图 8-14 所示。

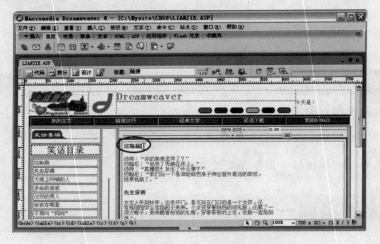

图 8-14　准备插入锚记

Step 02 执行以下操作之一：

- 在文档窗口的菜单栏中依次选择"插入"｜"命名锚记"选项。
- 按 Ctrl+Alt+A 组合键。
- 单击"插入"工具栏中"常用"标签下的"命名锚记"按钮 。

Step 03 在"命名锚记"对话框的"锚记名称"文本框中输入锚记名：mj1（注意，所命名锚记是区分大小写的），如图 8-15 所示。

图 8-15　"命名锚记"对话框

Step 04 如果锚记标记没有出现在插入点，选择"查看"│"可视化助理"│"不可见元素"选项，在所选择插入"锚记"的位置便会出现锚记标志，如图 8-16 所示。

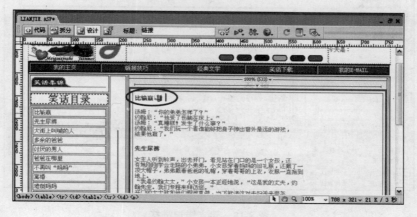

图 8-16　显示"锚记"标志

Step 05 同样的方法，分别在笑话栏下的"先生尿裤"、"大街上叫喊的人"文本的右边插入锚记，并且分别命名为 mj2、mj3，结果如图 8-17 所示。

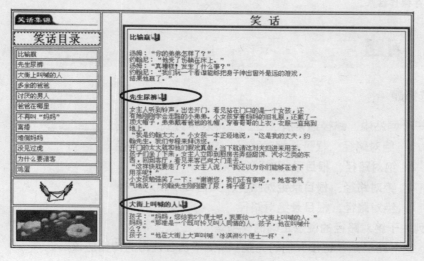

图 8-17　完成"锚记"创建

> **提示**
>
> 在具体的创建锚记过程中，也可复制一个锚记到多个需要创建锚记的位置，然后对锚记进行重命名。

Step 06 在菜单栏中选择"窗口"│"属性"选项，打开"属性"面板。

Step 07 选中窗口左边"笑话集锦"下的"比输赢"文本，在"属性"面板中的"链接"框中输入#mj1，如图 8-18 所示。

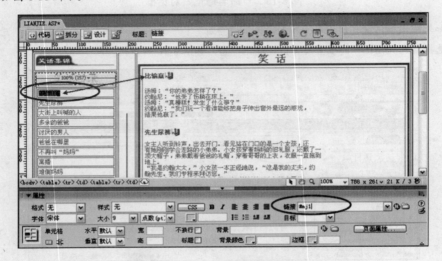

图 8-18　建立锚记链接

Step 08 同样的方法，分别创建"笑话集锦"栏下的"先生尿裤"、"大街上叫喊的人"文本与#mj2、#mj3 的锚记链接。

Step 09 保存操作结果。

8.5　习题

一、选择题

1. 在一个网站中，路径通常有＿＿＿＿种表示方式，分别是＿＿＿＿。

    A．3　绝对路径、根目录相对路径、文档目录相对路径

    B．2　绝对路径、根目录相对路径

    C．3　绝对路径、根目录绝对路径、文档目录相对路径

    D．2　绝对路径、根目录绝对路径

2. 下列关于绝对路径的说法正确的一项是＿＿＿＿。

    A．绝对路径是被链接文档的完整 URL，不包含使用的传输协议

    B．使用绝对路径需要考虑源文件的位置

C．在绝对路径中，如果目标文件被移动，则链接同时可用

D．创建外部链接时，必须使用绝对路径

3．在"属性"面板的"目标"框中的_blank 表示_____。

A．将链接文件在上一级框架页或包含该链接的窗口中打开

B．将链接文件在新的窗口中打开

C．将链接文件载入相同框架或窗口中

D．将链接文件载入到整个浏览器属性窗口中，将删除所有框架

4．下列关于在一个文档中可以创建的链接类型，说法不正确的是_____。

A．链接到其他文档或文件（如图形、影片、PDF 或声音文件）的链接

B．命名锚记链接，此类链接可跳转至文档内的特定位置

C．电子邮件链接，此类链接可新建一个收件人地址已经填好的空白电子邮件

D．空链接和脚本链接，此类链接能够在对象上附加行为，但不能创建执行 JavaScript 代码的链接

5．Dreamweaver 8 提供多种创建超文本链接的方法，但不能创建到_____的链接。

A．文档   B．图像

C．多媒体文件   D．可下载软件

二、简答题

1．简述常用的 3 种文档路径类型。

2．简述锚记链接的定义和作用。

三、操作题

1．创建一个空链接和一个锚记链接。

2．完成 ch08 目录下的 08.asp 文档中所需链接的创建。

Chapter 9

层与时间轴

本章中所涉及的素材文件，可以参见配套光盘中的\\Mysite\ch09。

基础知识
- ◆ 层的创建
- ◆ 层的基本操作
- ◆ 时间轴的概念

重点知识
- ◆ 设置层的属性
- ◆ 制作层的时间轴动画

提高知识
- ◆ 录制层的时间轴运动路径
- ◆ 给时间轴附加动作

9.1 层的概念

层是一种网页元素定位技术，使用层可以以像素为单位精确定位页面元素。层可以放置在页面的任意位置。可以在层里面放置文本、图像等对象甚至其他层。层对于制作网页的部分重叠更具有特殊作用。把页面元素放入层中，可以控制元素的显示顺序，也能控制是哪个显示，哪个隐藏（配合时间轴的使用，可同时移动一个或多个层，这样就可以轻松制作出动态效果）。

9.2 创建层

9.2.1 课堂实训1——创建普通层

可以使用插入、拖放或绘制方法创建层。一旦层被创建，则可以使用"层"面板选中层，将其嵌入到其他层中或改变层的叠放顺序。

实讲实训
多媒体演示

多媒体演示参见配套光盘中的\\视频\第9章\创建普通层.avi。

- 插入层 把光标置于文档窗口中想插入层的地方，选择"插入"｜"布局对象"｜"层"选项来插入层。
- 拖放层 把"绘制层"按钮▤直接从"插入"工具栏的"布局"面板中拖到文档窗口。
- 绘制层 单击"绘制层"按钮▤，在文档窗口中拖动鼠标画出一层，如图 9-1 所示。

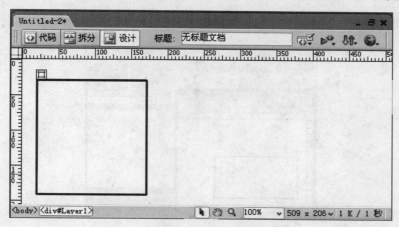

图 9-1 绘制层

 提示

要绘制多个层，可单击"绘制层"按钮▤，按住 Shift 键，在文档窗口中即可连续绘制多个层。

9.2.2 课堂实训2——创建嵌入式层

嵌入式层是指在其他层中创建的层。也就是当光标移到层中时，再插入其他的层。嵌入式层和被嵌入的层可以一起被移动，并且可继续嵌入其他的层。

实讲实训
多媒体演示

多媒体演示参见配套光盘中的\\视频\第9章\创建嵌入式层.avi。

除使用插入、拖放、绘制普通层的方法可以创建嵌入式层外，还可以利用"层"面板创建嵌入式层，具体操作步骤如下：

Step 01 选择"窗口"|"层"选项或按F2键，打开"层"面板。

Step 02 按住 Ctrl 键，在"层"面板中选择一层（本例选择 Layer2），拖其到目标层（Layer1）上，如图 9-2 所示。

图 9-2 使用"层"面板创建嵌入式层

Step 03 当目标层的名字周围出现一个方框时，释放鼠标键，结果如图 9-3 所示。

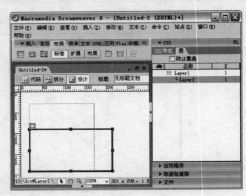

图 9-3 嵌入式层

提 示

要分离嵌入式层，可按住 Ctrl 键，在"层"面板中选择一层（如图 9-3 的 Layer2），把 Layer2 拖出目标层（Layer1）。此时，Layer2 即变成和 Layer1 同级别并列的层。

关于嵌入式层，需要注意以下几点：

- 嵌入式层并不一定是页面上的一层位于另一层内。嵌入式层的本质应该是一层的

HTML 代码嵌套在另一层的 HTML 代码中。（如果两个层的 HTML 代码互不包含，就不是嵌入式层。）

- 一个嵌入式层可随其父层移动而移动，并继承父层的可见性。（可以用这种移动的方法来判断两个或多个层是否是嵌入式层。）
- 如果在层参数设置时，选中了"防止重叠"复选框，采用绘制方法在另一层内绘制层，即构成嵌入式层。如果在层参数设置中没有选中"防止重叠"复选框，按住 Ctrl 键在已有层中绘制层，也可以创建嵌入式层。
- 通过创建嵌入式层，并配合时间轴的应用，可以设计出更为复杂的动画画面，将在后面的章节里介绍如何利用层来制作动画。

9.3 层的基本操作

9.3.1 课堂实训 3——选择层

要对层进行移动、调整大小等操作，首先要选择层。可以选择一层，也可以同时选择多层。同时选择多层时，可以进行对齐层操作，也可以使其宽度和高度相同，或重新定位层。

实讲实训
多媒体演示

多媒体演示参见配套光盘中的\\视频\第9章\选择层.avi。

(1) 选择一层

可执行以下操作之一：

- 在文档窗口中单击层的标志□。如果层标志不可见，执行"查看"｜"可视化助理"｜"不可见元素"选项。
- 单击层边界。如果没有活动层，也没有层被选择，在层内按住 Shift 键单击或直接单击层的边界。
- 如果多层被选择，按住 Ctrl+Shift 组合键在层内单击。
- 在"层"面板中单击层的名称。

(2) 选择多层

可执行以下操作之一：

- 按住 Shift 键在两层、多层内或边界上单击。
- 在"层"面板上按住 Shift 键单击两层或多层的名称。

当多层被选择时，最后选择的层的手柄以蓝色突出显示，其他层的手柄以白色突出显示，如图 9-4 所示。

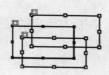

图 9-4　选择多个层

9.3.2 课堂实训 4——插入层对象

当光标移到层内时，就可以在层内插入层对象（元素）。如插入图像（见图 9-5）、层、表单、文本或表格等其他元素。

实讲实训
多媒体演示

多媒体演示参见配套光盘中的\\视频\第9章\插入层对象.avi。

图 9-5 插入图像

9.3.3 课堂实训 5——移动层

在文档窗口中，可移动单个的层，也可以同时移动多层。有以下几种操作方法：

实讲实训
多媒体演示

多媒体演示参见配套光盘中的\\视频\第9章\移动层.avi。

- 拖动选择层 把选定层拖到想放置的位置。如果同时选择了多层，拖曳最后选定层的选择手柄。
- 每次移动一个像素 选中层，使用方向键移动。
- 按当前网格吸附增量移动 使用 Shift 键和方向键。

提 示

如果在"层"面板中选中了"防止重叠"复选框，在移动层时可防止其与另一层重叠。

9.3.4 课堂实训 6——对齐层

当页面上有多层时，可以选择"排列顺序"选项对齐层。要对齐两个或两个以上的层，可按以下步骤操作：

实讲实训
多媒体演示

多媒体演示参见配套光盘中的\\视频\第9章\对齐层.avi。

Step
01 选择要对齐的层。
Step
02 选择"修改"|"排列顺序"菜单中的对齐选项。

例如，如果选择"对齐上缘"选项，则所有选定的层都移动，这些层的顶边与最后选定的那一个层对齐。

提 示

在对齐层时，没有被选择的子层会因其父层被移动而移动。要防止这种情况出现，就不要使用嵌入式层。

9.3.5 课堂实训7——把层转换成表格

先用层来设计页面，使用 Dreamweaver 8 提供的把层转换为表格功能，可以轻易地把层转换为表格。

要把页面中的层转换为表格，具体操作步骤如下：

**实讲实训
多媒体演示**

多媒体演示参见配套光盘中的\\视频\第9章\把层转换成表格.avi。

Step 01 选择要转换的层。

Step 02 选择"修改"｜"转换"｜"层到表格"选项，弹出"转换层为表格"对话框，如图 9-6 所示。

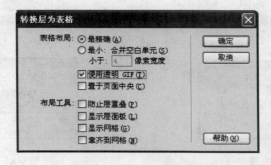

图 9-6 "转换层为表格"对话框

Step 03 选择想要的表格布局选项，各选项的作用说明如下：

* **最精确** 为每一层建立一个表格单元，以及为保持层与层之间的间隔必须的附加单元格。

* **最小：合并空白单元** 如果几个层被定位在指定的像素数之内，这些层的边缘应该对齐。选择本项生成的表格中空行、空列最少。

* **使用透明的 GIFs** 用透明的 GIF 图像填充表格的最后一行。这样可以确保表格在所有浏览器中的显示相同。如果选择本项，将不可能通过拖曳生成表格的列来改变表格的大小。不选本项时，转换成的表格中不包含透明的 GIF 图像，但在不同的浏览器中，其外观可能稍有不同。

* **置于页面中央** 使生成的表格在页面上居中对齐。如果不选本项，表格左对齐。

Step 04 选择想要的布局工具和网格选项，各选项的作用说明如下：

* **防止层重叠** 可防止层重叠。

* **显示层面板** 转换完成后显示"层"面板。

* **显示网格** 在转换完成后显示网格。

● 靠齐到网格　启用对齐网格的功能。

Step 05 单击"确定"按钮，层布局页面转换为表格布局页面。

注　意

把层转换为表格的目的是为了与 3.0 及其以下版本的浏览器兼容。如果所编辑的网页只是针对 4.0 及更高版本的浏览器，无需把层转换为表格，因为高版本的浏览器均已支持层。在这种情况下，一个页面可以同时使用表格和层，甚至可以使用层来创建动画。

9.3.6　课堂实训8——显示/隐藏层

单击左侧眼睛图标列的位置，可以设置层的显示或隐藏。默认情况下，该位置没有眼睛图标，表示该层的显示属性为"默认"。单击一次该位置，就会出现一个闭着眼睛的图标，此时网页中的层就会被隐藏起来，如图 9-7 所示。

再次单击该位置，该图标又会变成睁开眼睛的图标，表示该层被指定为始终显示，如图 9-8 所示。

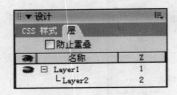

图 9-7　隐藏层

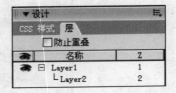

图 9-8　显示层

显示和隐藏层效果，具体操作步骤如下：

Step 01 新建文件，然后在网页上插入 3 个层，将"层编号"分别设为 Layer1，Layer2，Layer3，并分别设定背景色为红色、绿色、蓝色，如图 9-9 所示。

Step 02 在文档中插入两个表单按钮，在"属性"面板上分别设定按钮的标签为"隐藏层"和"显示层"，此时的按钮如图 9-10 所示。

图 9-9　插入的 3 个层

隐藏层　显示层

图 9-10　插入的按钮

Step 03 单击"隐藏层"按钮，然后在"行为"面板中单击"添加行为"按钮，在展开的菜单中选择"显示-隐藏层"选项，弹出"显示-隐藏层"对话框，如图 9-11 所示。

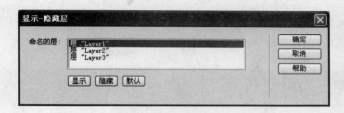

图 9-11　"显示-隐藏层"对话框

Step
04 选中要隐藏或显示的层，然后单击"显示"、"隐藏"、"默认"按钮中的一个。其中"显示"
按钮用来让层显示出来；"隐藏"按钮用来将层隐藏起来；"默认"将保留"属性"面板上设
定的显示或隐藏属性。这里选中 Layer1，然后单击"隐藏"按钮。用同样的方法，将所有的层
设为隐藏，如图 9-12 所示。

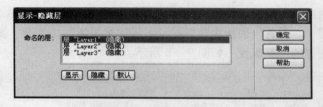

图 9-12　将所有的层设为隐藏

Step
05 单击"确定"按钮关闭对话框。

Step
06 再单击"显示层"按钮，然后在"显示-隐藏层"对话框中设定所有的层为显示状态，如图 9-13
所示。

图 9-13　将所有的层设为显示

Step
07 单击"确定"按钮关闭对话框后保存文件，再将其在浏览器中打开，如图 9-14 所示。

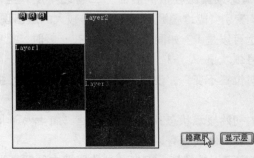

图 9-14　打开的网页效果

Step 08 此时单击左侧的"隐藏层"按钮，就会将所有的层隐藏起来；单击右侧的"显示层"按钮将重新显示这些层。

9.4 设置层的属性

创建复杂的页面布局，使用层可以简化操作，如把页面元素放入层中，拖动层，这样就很容易定位层。要能正确运用层来设计网页，必须了解层的属性和设置方法，以及层的操作技巧。

9.4.1 单个层的属性

在文档窗口中创建一个层，选择"窗口"｜"属性"选项，打开"属性"面板。单击刚刚建立的层的边线选择层，"属性"面板中随即显示出层的常用属性。单击"属性"面板右下角的扩展箭头，可以看到层的所有属性，如图 9-15 所示。

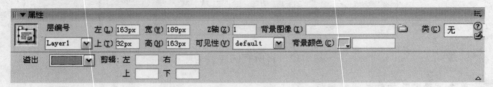

图 9-15 单个层的"属性"面板

- 层编号 指定一个名称来标识选中的层。在本项下面的文本框中可输入层名。层名只能使用英文字母，不要使用特殊字符（如空格、横杠、斜杠、句号等）。
- 左和上 指定层相对于页面或父层左上角的位置，即层的左上角在页面或父层中的坐标（以像素为单位）。"左"指定距左边的像素数，"上"指定距顶边（上边）的像素数。
- 宽和高 指定层的宽度和高度。如果层的内容超过指定的大小，这些值被覆盖。对于 CSS 层，宽度和高度默认以像素（px）为单位。也可以指定以下单位：pc（十二磅字）、pt（磅）、in（英寸）、mm（毫米）、cm（厘米）或％（父值的百分比）。单位的缩写必须紧跟在值的后面，二者之间没有空格，如 4mm。
- Z 轴 指定层的 Z 索引（或堆叠顺序号）。编号较大的层出现在编号较小的层的上面。编号可正可负，也可以是 0。如同 5 本书堆叠在一起时，把中间那本的编号定为 0，则自下往上的编号依次是-2、-1、0、1、2（当然也可以是-7、-4、0、1、8，它们在堆叠顺序中的相对位置不变）。使用"层"面板改变层的堆叠顺序比在此项输入编号容易。
- 可见性 决定层的初始显示状态。使用脚本语言（如 JavaScript）可以控制层的可视性和动态显示层的内容。本属性有以下选项。
  - ◆ default 不指定可视性属性，但多数浏览器把本项解释为 Inherit（继承）。
  - ◆ inherit（继承） 继承层父级的可视性属性。

◆ visible（可见）　显示层的内容，忽略父级的值。

◆ hidden（隐藏）　隐藏层的内容，忽略父级的值。

● 背景图像　指定层的背景图像。单击本项右边的浏览图标，可浏览并选择一个图像文件，或直接在文本框中输入图像文件的路径。

● 背景颜色　指定层的背景颜色。此选项为空时指定透明背景。

● 溢出　指定如果层的内容超过了层的大小将发生的事件如下。

◆ visible（可见）　增加层的大小，以便层的所有内容都可见。层向下和向右扩大。

◆ hidden（隐藏）　保持层的大小，并剪裁掉与层大小不符的任何内容，不显示滚动条。

◆ scroll（滚动）　给层添加滚动条，不管内容是否超过了层的大小。特别是通过提供滚动条来避免在动态环境中显示和不显示滚动条导致的混乱。

◆ auto（自动）　在层的内容超过它的边界时自动显示滚动条。

● 剪辑　定义层的可视区（类似于 Word 中通过设置页边距来定义版心）。在左（左边距）、上（上边距）、右（右边距）、下（下边距）的文本框中输入一个值来指定距层边界的距离（以像素为单位）。

9.4.2　多个层的属性

当选定了两个或两个以上的层时，层的"属性"面板中将显示文本属性和普通（层）属性的并集。允许一次修改若干层。如果要选择多个层，按住 Shift 键选择层即可，如图 9-16 所示。

图 9-16　多个层的"属性"面板

多个层的属性与单个层的属性类似，可参照上一节单个层"属性"面板的设置，这里不再赘述。

9.5　时间轴的概念

时间轴可通过在不同的时间改变层的位置、大小、可视性和叠放顺序等来创建动画。

"时间轴"面板可显示层和图像随时间变化的属性。选择"窗口"｜"时间轴"选项可打开"时间轴"面板，如图 9-17 所示。

"时间轴"面板的属性如下所示：

● "时间轴"下拉列表框　指定当前在"时间轴"面板中显示文档的哪些时间轴。

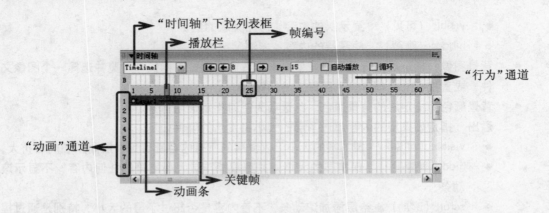

图 9-17　"时间轴"面板

- 播放栏　显示当前在文档窗口中显示时间轴的哪一帧。
- 帧编号　指示帧的序号。"后退"和"播放"按钮之间的数字是当前帧编号。可以通过设置帧的总数和每秒帧数（fps）来控制动画的持续时间。每秒 15 帧这一默认设置是比较合适的平均速度，可用于在 Windows 和 Macintosh 系统上运行的大多数浏览器。

提示

较快的速度可能不会提高性能。浏览器始终会播放动画的每一帧，即使它们无法达到指定的帧速度。如果帧速度超过浏览器可以支持的速度，则将被忽略。

- "行为"通道　是指应该在时间轴中特定帧处执行的行为的通道。
- 动画条　显示每个对象的动画的持续时间。一行可以包含表示不同对象的多个条。不同的条无法控制同一帧中的同一对象。
- 关键帧　是动画条中已经为对象指定属性（如位置）的帧。Dreamweaver 8 会计算关键帧之间帧的中间值。小圆标记表示关键帧。
- "动画"通道　显示用于制作层和图像动画的条。

9.6　创建时间轴动画

9.6.1　课堂实训 9——制作层的时间轴动画

时间轴是通过改变层的位置、大小、可视性以及叠放顺序来创建动画。时间轴只能移动层。因此，如果要移动图像或文本，就要先在页面中创建动画的位置上插入一个层，再将图像、文本或其他类型的内容插入到层中，并适当地调整它们的大小关系，通过移动层来移动这些元素。

实讲实训
多媒体演示

多媒体演示参见配套光盘中的\\视频\第9章\制作层的时间轴动画.avi。

创建时间轴动画的具体步骤如下：

Step 01　在页面添加层，并在层中插入元素（如一幅图片或一些文字），把层移到动画的起始位置，如

图 9-18 所示。

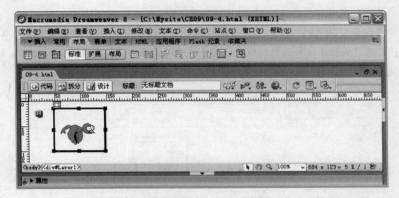

图 9-18　在层中插入小鸟图像

 提 示

向层中插入图像时，将层和图像大小调整一致，这样动画在运行时，会更为逼真。

Step 02 选择"窗口"｜"时间轴"选项，打开"时间轴"面板。

Step 03 选择要制作动画的层。单击层标记或层边界，或用"层"面板选择层（注意：在层内部单击，可以把插入点置于层内，但并不选中该层。当一个层被选中时，层边界会显示出可调整大小的手柄）。

Step 04 直接把选定的对象拖入"时间轴"面板中；或者单击"时间轴"面板中的 按钮，选择"添加对象"选项。

Step 05 此时时间轴的第一个通道中将出现一个紫色条，即动画条，条中显示了层的名称 Layer1，动画条两端的两个圆圈，即为时间轴的关键帧，如图 9-19 所示。

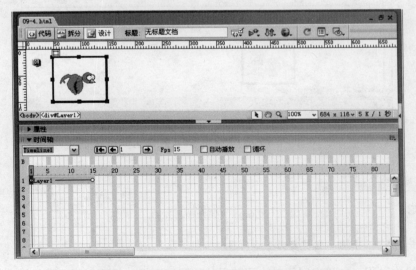

图 9-19　添加对象后的"时间轴"面板

Step 06 单击第 1 个关键帧，将红色的播放头移到第 1 个关键帧，拖动被选中的层到某一个位置，即确定动画运动的起始位置。

Step 07 单击动画条最后的关键帧标记（注意播放头也跟着移到该处），再把页面上的该层拖到动画结束处。之后，从动画起始位置到结束位置会显示一条线，这就是层的运动轨迹，如图 9-20 所示。如果没有显示一条线，说明做法不对，需要重新开始。

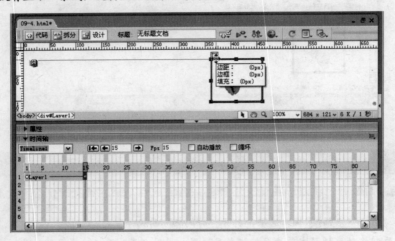

图 9-20　将层拖到终点位置

Step 08 如果使动画层作曲线移动，选择动画条，按住 Ctrl 键单击，在插入点位置添加一个关键帧；或在动画条中间单击一帧，并从右键快捷菜单中选择"增加关键帧"选项。

Step 09 移动层，使运动轨迹呈曲线状，如图 9-21 所示。

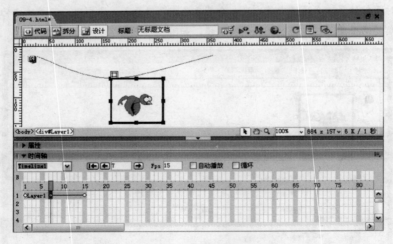

图 9-21　创建曲线运动

Step 10 单击"播放"按钮，预览页面上的动画。

按照本操作过程，如果在时间轴中添加另外的层和图像，将可以创建更加复杂的动画。

9.6.2 课堂实训10——录制层的时间轴运动路径

如果要创建具有复杂路径的动画，若按上述创建一个个关键帧的方法就比较麻烦，若用拖动层时记录路径的方法则简便得多。具体操作步骤如下：

Step 01 打开光盘中的 ch09\sample09-2a.asp 文件，选择一个层。

Step 02 移动该层到动画的起始处，并保持该层处于被选择状态。

Step 03 选择"修改"│"时间轴"│"录制层路径"选项。如果没有层被选中，此命令不可用。

Step 04 在页面上拖动层，创建想要的运动路径，如图 9-22 所示。

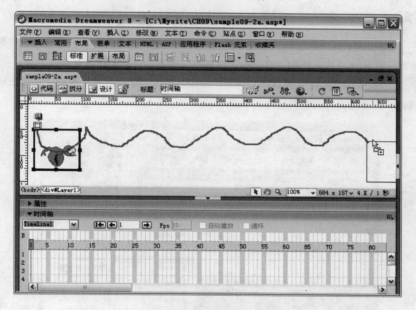

图 9-22 拖动层路径

Step 05 在动画应停止处释放鼠标。在之后弹出的提示框中单击"确定"按钮，这样 Dreamweaver 8 便自动添加一个动画条到时间轴中，同时也添加了适当数量的关键帧，如图 9-23 所示。

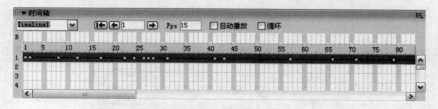

图 9-23 创建复杂的曲线路径后的时间轴

Step 06 在"时间轴"面板中，单击"回首帧"按钮，再单击"播放"按钮即可预览动画。

9.7 给时间轴附加动作

9.7.1 课堂实训11——"播放时间轴"和"停止时间轴"动作

使用"播放时间轴"和"停止时间轴"动作可允许用户通过单击一个链接或按钮来控制播放或停止时间轴，也可以在用户将鼠标移到某个链接、图像或其他文本之上时自动播放或停止时间轴。如果在"时间轴"面板中选中了"自动播放"复选框，则"播放时间轴"动作将自动使用 onLoad 事件附加到<body>标签中。

使用"播放时间轴"和"停止时间轴"动作的步骤如下：

Step 01 选择"窗口"|"时间轴"选项，打开"时间轴"面板，并确认当前文档中包含时间轴。如果没有看到紫色的动画条出现在"时间轴"面板中，则表示当前文档不包含时间轴。

Step 02 选中层，按 Shift+F4 组合键打开"行为"面板，单击"添加行为"按钮，从弹出的菜单中选择"时间轴"|"播放时间轴"选项，如图 9-24 所示。

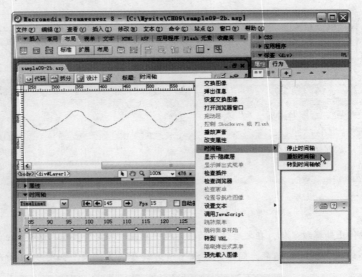

图 9-24 播放时间轴动作

Step 03 从弹出的"播放时间轴"对话框中选择要播放的时间轴，单击"确定"按钮，如图 9-25 所示。

图 9-25 设置时间轴播放目标

Step 04 将默认的鼠标事件修改为 onMouseOver，这样，当鼠标指针移到层上时，层就会产生动作。

Step
05 保持图像的选定状态，从"添加行为"菜单中选择"时间轴"|"停止时间轴"选项。从弹出的"停止时间轴"对话框中选择要停止播放的时间轴，也可以选择停止播放所有时间轴，如图 9-26 所示。

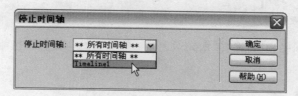

图 9-26　停止播放时间轴

Step
06 单击"确定"按钮。将默认的鼠标事件修改为 onMouseOut。这样，当鼠标指针移到层之外时，层就会停止播放。

Step
07 保存一下文件，之后按 F12 键预览。当鼠标指针移到图像上时，图像会产生移动；鼠标指针要一直跟着图像，图像才能连续移动，否则图像就要停下来。

9.7.2　课堂实训 12——"转到时间轴帧"动作

"转到时间轴帧"动作可以将 Playback Head（放音头）移到指定帧。可以在"时间轴"面板的"行为"通道中使用此动作，允许时间轴的某部分循环若干次，从而创建"回退"链接或按钮，或者让用户跳转到动画的其他部分。

要使用"转到时间轴帧"动作，可按下列步骤进行操作：

Step
01 选择"窗口"|"时间轴"选项，打开"时间轴"面板，并确定当前文档中包含时间轴。如果没有看到紫色的动画条出现在"时间轴"面板中，则表示当前文档中不包含时间轴。

Step
02 要对时间轴中的帧附加行为，单击"行为"通道中所需的帧。

Step
03 按 Shift+F4 组合键弹出"行为"面板，从"添加行为"菜单中选择"时间轴"|"转到时间轴帧"选项。

Step
04 从弹出的"转到时间轴帧"对话框中的"时间轴"下拉列表中选择所需时间轴，在"前往帧"文本框中输入帧数，如图 9-27 所示。

图 9-27　设置"转到时间轴帧"对话框

如果正在时间轴的"行为"通道中添加此动作，并且希望"转到时间轴帧"和当前帧之间的时间轴部分产生循环，则可以在"循环"文本框中输入该部分的循环次数。否则，将其保留为空。

Step
05 单击"确定"按钮。

Step
06 按 Ctrl+S 组合键保存文件。

Step 07 按 F12 键预览。动画将在指定的帧循环。效果见光盘中的 ch09\sample09-2c.asp。

9.8 案例实训

在了解了层、时间轴和事件的基本知识之后，需要将这些概念和技能进行合理地运用，才能真正达到学习的目的。

9.8.1 案例实训1——层的应用

下面通过一个比较全面、具体的例子来讲解，可以更清楚层及层属性的应用。具体操作步骤如下：

实讲实训
多媒体演示

多媒体演示参见配套光盘中的\\视频\第9章\层的应用.avi。

Step 01 打开光盘中的 ch09\sample09-1.asp 文件，初始画面如图 9-28 所示。

这个实例的目的是层的应用，所以，导航条和图片已经事先做好，不动它们就可以了。

提示

选择"编辑"|"首选参数"选项，弹出对话框后在左侧选择"不可见元素"选项，接着在右侧选中"层锚记"复选框，确定之后就能在页面上看到层锚记标志 🔲。

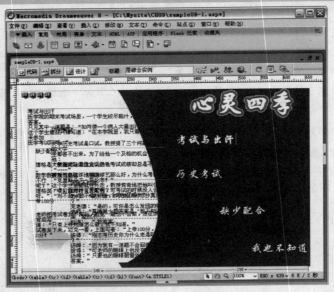

图 9-28 实例初始画面

Step 02 选择"窗口"|"层"选项，打开"层"面板，如图 9-29 所示。

Step 03 将 Layer1 ~ Layer4 的"眼睛"闭上（将层进行隐藏）。

为了方便定位，先将"层"面板中 Layer2～Layer4 的"眼睛"闭上（单击两次层名称前面的眼睛即可），如图 9-30 所示。

图 9-29　"层"面板

图 9-30　"眼睛"闭上

此时，只留下了一个 Layer1，如图 9-31 所示。

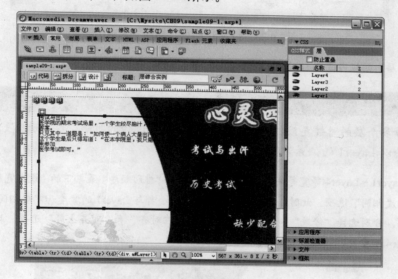

图 9-31　定位 Layer1 的初始图

Step 04 定位 Layer1。选择 Layer1，选择"窗口"｜"属性"选项，打开"属性"面板，如图 9-32 所示。可以手工拖动层到合适的位置，也可以在"属性"面板中直接输入一个确定的值来定位 Layer1。如在"属性"面板中输入数据：L=13px，T=130px，宽为 290px，高为 210px。定位后的结果如图 9-33 所示。

图 9-32　层"属性"面板

133

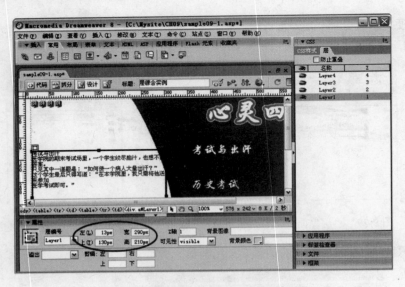

图 9-33　设置好 Layer1 后的文档图

Step 05 在"层"面板内选中 Layer1～Layer4，并将所有的"眼睛"打开。

> **注意**
>
> 　　一是选择多个层的时候要按住 Shift 键；另一个是在选择的时候，最后选择 Layer1，这样，所有的层就会以 Layer1 的位置为标准对齐。

Step 06 使 Layer1～Layer4 等宽等高。分别选择"修改"｜"排列顺序"菜单下的"设成宽度相同"和"设成高度相同"选项。此时，Layer2～Layer4 的大小都与 Layer1 的宽度和高度相同。

Step 07 对齐。分别选择"修改"｜"排列顺序"下的"左对齐"和"对齐上缘"选项。此时，Layer1～Layer4 都重叠在一起，如图 9-34 所示。

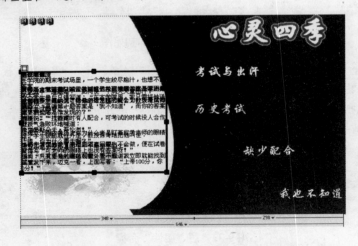

图 9-34　对齐层 Layer1～Layer4 后的文档页面

Step 08 选中单元格，添加"行为"。

（1）将光标移到"考试与出汗"文本的单元格内，在文档窗口的左下角的标签选择器内单击<td>，选中此单元格，如图9-35所示。

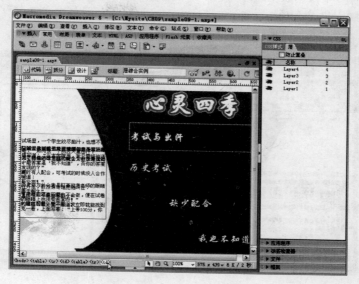

图9-35　选中单元格

（2）选择"窗口"｜"行为"选项，打开"行为"面板，再单击 ＋ 按钮，如图9-36所示。

图9-36　准备添加行为

（3）在弹出的行为菜单中，选择"显示-隐藏层"选项，弹出如图9-37所示的对话框。

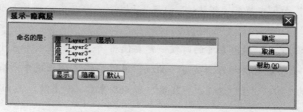

图9-37　"显示-隐藏层"对话框

（4）选中"层'Layer1'"选项，单击"显示"按钮，然后单击"确定"按钮，并在"行为"面板的"事件"下拉列表中选择 onMouseOver 事件。

（5）重复步骤（1）～（3），选中"层'Layer1'"选项，单击"隐藏"按钮，然后单击"确定"按钮，并在"行为"面板的"事件"下拉列表中选择 onMouseOut 事件，如图 9-38 所示。

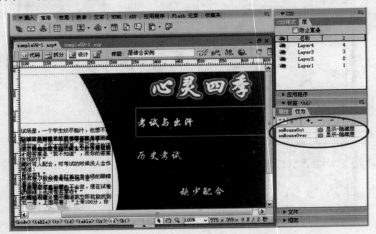

图 9-38　添加"显示-隐藏层"行为

（6）按照（1）～（5）步的操作，分别对其余文本所在的单元格所对应的层添加"显示-隐藏层"行为，并选择 onMouseOver 与 onMouseOut 事件。

Step 09　最后隐藏 Layer1～Layer4 层（将这些层"眼睛"闭上）。此时就完成了本实例的制作。

Step 10　保存文件，之后按 F12 键即可预览效果。

9.8.2　案例实训2——创建网站广告

本实例利用层、时间轴和事件的结合，创建一个网站广告（参阅光盘中 ch09\FINAL 目录）。具体操作步骤如下：

实讲实训
多媒体演示

多媒体演示参见配套光盘中的\\视频\第9章\创建网站广告.avi。

Step 01　新建一个 asp 动态页面，并保存为 ch09 目录下的 banner.asp。

Step 02　要做几张幻灯片就需要做几个隐含图层，在层中插入图片。本例是 6 张图片幻灯片，因此需要 6 个图层，在页面中分别插入 6 个层，在每个层的"属性"面板中将其"可见性"设置成 hidden，在层中分别插入准备好的图片，如图 9-39 所示。

Step 03　调整层的坐标及大小。做隐含层的时候一定要使 6 个图层的坐标和大小一致，否则当变换图片时就会发现有位移现象。打开"属性"面板，通过层锚记 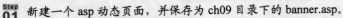 来选中所有层，将每个层的坐标都设置"左"为 140，"上"为 8，"宽度"为 468 像素，"高度"为 60 像素。设置完成后要取消对层的选择。

Step 04　按 Alt+F9 组合键把"时间轴"面板调出来，通过层锚记 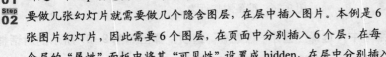 分别把 6 个图层加入到 6 条动画通道中，并使这些动画通道首尾相接，如图 9-40 所示。

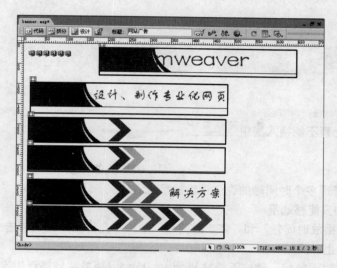

图 9-39　插入层和图片

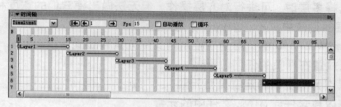

图 9-40　添加动画通道

Step 05 在第 1 帧的位置，加入"行为"事件。双击第 1 帧上方的"行为"通道，在弹出的"行为"面板中单击 ✚ 按钮，选择"显示-隐藏层"选项，在弹出的"显示-隐藏层"对话框中，选择 Layer1 后单击"显示"按钮，再单击"确定"按钮。

Step 06 在 15 帧处双击"行为"通道，在"行为"面板中，单击 ✚ 按钮，选择"显示-隐藏层"选项，在弹出的"显示-隐藏层"对话框中加入事件，这次把 Layer1 隐藏，并显示 Layer2。

Step 07 按照相同的方法在 29、43、57、71 帧处分别加入承前启后的两个"显示-隐藏层"事件，加入的事件是把前一个图层隐藏起来同时显示后一个图层，这样才能完成层图的交换过程。

Step 08 在最后一帧（85 帧）处，加入隐藏 Layer6 的行为事件。

Step 09 选中"时间轴"面板中的"自动播放"和"循环"复选框，此时在最后一帧的后面会出现一个小方块，如图 9-41 所示，把这个小方块拖到与最后一帧的"行为"重合，这样就可避免重复播放动画时有一帧没有显示而发生停顿。

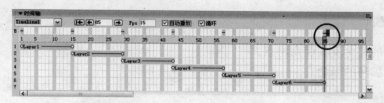

图 9-41　设置时间轴的播放

Step 10 保存文件，按 F12 键即可预览效果。

9.9 习题

一、选择题

1．下列哪种元素不能插入层中_____。
   A．层   B．框架
   C．表格   D．表单及各种表单对象

2．下列关于管理多个时间轴的说法正确的是_____。
   A．时间轴只能移动层
   B．使用"播放时间轴"和"停止时间轴"动作不允许用户通过单击一个链接或按钮启动和停止时间轴
   C．"转到时间轴帧"动作不能将 Playback Head（播放头）移到指定帧
   D．同时选择多层时，可进行对齐层操作，但无法做出使它们的宽度和高度相同的操作

3．下列关于层的说法中，不正确的一项是_____。
   A．在 Dreamweaver 8 中，层用来控制网页中元素的位置
   B．层可以放置在网页的任何位置
   C．层是以点为单位精确定位页面元素
   D．层中可以包含任何 HTML 文件中的元素

4．下列按钮中，_____可以用来插入层。
   A．   B．
   C．   D．

5．当"层"面板上的图标为 时，表示_____。
   A．显示层   B．隐藏层
   C．为层重命名   D．已被删除的层

6．打开"层"面板的快捷键是_____。
   A．F1   B．F2
   C．F3   D．F4

7．打开"时间轴"面板的快捷键是_____。
   A．Alt+F9   B．Ctrl+F9
   C．Shift+F9   D．Ctrl+ Shift+F9

二、简答题

1．简述层的概念及其使用特点。
2．简述帧编号的概念。

三、操作题

1．绘制多个层，并将多个层对齐。
2．创建一个时间轴动画：在网页打开后，一张小图片在网页上到处不停地移动。

Chapter

10

表单

本章中所涉及的素材文件，可以参见配套光盘中的\\Mysite\ch10。

基础知识 ◆ 表单的概念

◆ 创建表单的方法

重点知识 ◆ 向表单中插入对象

◆ 设置表单的属性

提高知识 ◆ 设置表单对象的属性

◆ 制作表单案例

10.1　表单的概念

表单使网站管理者可以与 Web 站点的访问者进行交互或从他们那里收集信息。表单是收集客户信息和进行网络调查的主要途径。可以利用表单，将客户的信息进行合理地分类整理，然后提交给服务器。表单是网站管理者与浏览者相互沟通的纽带。利用表单的处理程序，可以收集、分析用户的反馈意见，做出科学、合理的决策；表单是一个网站成功的秘诀，更是网站生存的命脉。有了表单，网站不仅仅是"信息提供者"，同时也是"信息收集者"，由被动提供转变为主动出击。表单通常用来做调查表、订单和搜索界面等。

表单有两个重要组成部分：一是描述表单的 HTML 源代码；二是用于处理用户在表单域中输入信息的服务器端应用程序客户端脚本，如 ASP、CGI 等。

使用 Dreamweaver 8 可以创建表单，可以给表单中添加表单对象，还可以通过使用"行为"来验证用户输入的信息的正确性。

10.2　创建表单

在文档中创建表单，具体操作步骤如下：

Step
01　把光标停留在要插入表单的位置，选择"插入"｜"表单"｜"表单"选项，可插入一个表单框架，如图 10-1 所示。

Step
02　在页面中出现一个红色的矩形框。可继续在红色的矩形框内插入诸如文本域、按钮、列表框和单选按钮等表单对象。

实讲实训
多媒体演示

多媒体演示参见配套光盘中的\\视频\第10章\创建表单.avi。

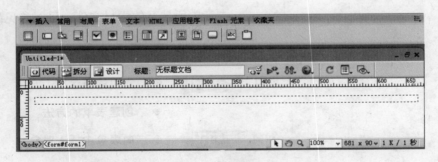

图 10-1　插入表单

提　示

页面中红色的虚线框表示表单对象，这个框的作用仅方便编辑，在浏览器中不会出现。表单元素是具有属性的对象，要使表单能向服务器传送数据，必须添加一个表单来包含各表单对象元素。

如果没有看到创建的表单，可通过选择菜单栏中的"查看"｜"可视化助理"｜"不可见元素"选项，来隐藏或显示表单。

10.3　表单的属性

设置表单属性，具体操作步骤如下：

Step 01 选中表单。可在文档窗口中，单击表单红色虚轮廓线来选中表单，或者在标签选择器中选择 <form> 标签。标签选择器位于文档窗口的左下角。

Step 02 打开"属性"面板。在菜单栏中选择"窗口"｜"属性"选项或按下 Ctrl+F3 组合键，均可打开表单的"属性"面板。

Step 03 在"属性"面板中设置表单名称、动作、方法、MIME 类型和目标等表单属性。

10.3.1　表单名称

在"表单名称"文本框中，输入一个唯一名称用以标识表单。表单被命名后，就可以使用脚本语言（如 JavaScript 或 VBScript）引用或控制该表单。如果不命名表单，则 Dreamweaver 8 会通过语法 form(n)生成一个名称，在向页面中添加每个表单时，n 的值会递增。如图 10-2 所示。

图 10-2　表单名称

10.3.2　动作

在"属性"面板的"动作"文本框中，指定处理该表单的动态页或脚本的路径。可以在"动作"文本框输入完整路径，也可以单击"浏览文件"图标定位到包含该脚本或应用程序页的适当文件夹。

如果指定到动态页的路径，则该 URL 路径将类似于 http://www.mysite.com /logon.asp，如图 10-3 所示。

图 10-3　动作

10.3.3　方法

在"方法"下拉列表中，选择将表单数据传输到服务器的方法，如图 10-4 所示。

图 10-4　方法

表单"方法"包括：

- POST　在 HTTP 请求中嵌入表单数据。
- GET　将值追加到请求该页的 URL 中。
- 默认　使用浏览器的默认设置将表单数据发送到服务器。通常，默认方法为 POST 方法。

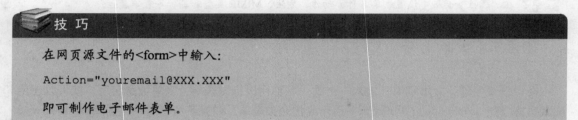

技 巧

在网页源文件的<font>中输入：

Action="youremail@XXX.XXX"

即可制作电子邮件表单。

10.3.4　MIME 类型

"MIME 类型"下拉列表框可以指定对提交给服务器进行处理的数据使用 MIME 编码的类型。默认设置 application/x-www-form-urlencoded，通常与 POST 方法协同使用。如果要创建文件上传域，须要指定 multipart/form-data 类型。

10.3.5　目标

"目标"下拉列表框可指定一个窗口，在该窗口中显示调用程序所返回的数据。如果命名的窗口尚未打开，则打开一个具有该名称的新窗口。目标值有：

- _blank　在未命名的新窗口中打开目标文档。
- _parent　在显示当前文档的窗口的父窗口中打开目标文档。
- _self　在提交表单所使用的窗口中打开目标文档。
- _top　在当前窗口的窗体内打开目标文档。此值可用于确保目标文档占用整个窗口，即使原始文档显示在框架中。

10.4　表单中的对象及其属性

Dreamweaver 8 表单包含标准表单对象，有文本域、按钮、图像域、复选框、单选按钮、列表/菜单、文件域、隐藏域及跳转菜单。

添加表单对象的方法和插入表单相似，可执行以下操作之一：

- 把光标置于表单边界内（两条红线区域内），从"插入"｜"表单"菜单项中选择一个对象。
- 把插入点置于表单边界内，在"插入"工具栏中的"表单"标签下选择并单击对应的表单对象按钮。
- 将对应的表单对象按钮拖到表单边界内想放置表单对象的位置上。

使用"插入"工具栏中的"表单"标签可以在表单中添加如图 10-5 所示的对象。

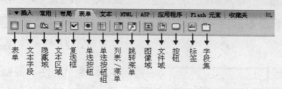

图 10-5　利用"表单"工具栏可插入的对象

10.4.1　文本域

文本域可接受任何类型的字母或数字项。输入的文本可以显示为单行、多行，也可以显示为项目符号或星号（用于保护密码）。文本域有 3 种类型：单行文本域（文本字段）、多行文本域（文本区域）和密码文本域。插入文本域后的结果如图 10-6 所示。

实讲实训
多媒体演示

多媒体演示参见配套光盘中的\\视频\第10章\文本域.avi。

图 10-6　文本域

单行文本域通常用于单字或简短语句的输入，如姓名或地址等，如图 10-7 所示。

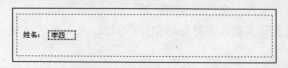

图 10-7　单行文本域

多行文本域为访问者提供一个较大的输入区域。可以任意指定访问者最多可输入的行数以及所输入字符的宽度。如果输入的文本超过这些设置，则该域将按照换行属性中所指定的设置进行滚动，如图 10-8 所示。

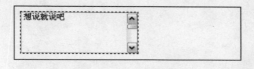

图 10-8　多行文本域

密码文本域是一种特殊类型的文本域。当用户在密码域中输入文本或数字时，所输入的文本被替换为星号或项目符号，用以隐藏所输入的文本或数字，保护这些信息不被看到，如图 10-9 所示。

密码：●●●●●●

图 10-9　密码文本域

提　示

使用密码域发送到服务器的密码和其他信息并未加密。所传输的数据可能会以字母、数字、文本形式被截获并被读取。因此，应始终对要保密的数据进行加密处理。

在表单中选择文本域：，打开文本域"属性"面板（如果"属性"面板没有打开，选择"窗口"｜"属性"选项打开"属性"面板），如图 10-10 所示。

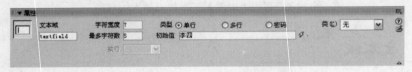

图 10-10　文本域属性

文本域属性如下：

- 文本域　给文本域命名。每个文本域必须有一个唯一的名称。用脚本语言来访问或设置它的值。
- 字符宽度　设置文本域中最多可显示的字符数。
- 最多字符数　对于单行文本域，设置在域中最多可输入的字符数；对于多行文本域，设置域的高度。如使用"最多字符数"将邮政编码限制为 5 位数，将密码限制为 10 个字符等。
- 类型　指定域为单行、多行还是密码域。
- 初始值　指定在首次载入表单时域中显示的值。

10.4.2　按钮

"按钮"在被单击时可执行一项对表单操作的任务，如提交或重置表单。可以为"按钮"添加自定义的名称或标签，也可为"按钮"赋予某种行为。Dreamweaver 8 中，按钮被预定义为"提交"或"重置"两种标签值，如图 10-11 所示。

实讲实训
多媒体演示

多媒体演示参见配套光盘中的\\视频\第10章\按钮.avi。

图 10-11 按钮

在表单中选择按钮，打开按钮"属性"面板，如图 10-12 所示。

图 10-12 按钮属性

在按钮"属性"面板中可以设置以下属性：

- 按钮名称 给按钮命名。Dreamweaver 8 有两个保留名称：Submit（提交）和 Reset（重置）。Submit 指示表单提交表单数据给处理程序或脚本；Reset 恢复所有表单域为它们各自的初值。
- 值 确定显示在按钮上的文本，如 提交 按钮。
- 动作 确定按钮被单击时发生什么动作。本属性有 3 个单选按钮供选择：选择"提交表单"自动设置按钮标签为"提交"；选择"重设表单"自动设置按钮标签为"重置"；选择"无"不发生任何动作，即单击按钮时，提交和重置动作都不发生。

10.4.3 复选框

"复选框"用于在一组选项中选择多项。在一组复选框中，可通过单击同一个复选框进行"关闭"或"打开"状态的切换。因此，用户可以从一组复选框中选择多个选项。图 10-13 显示的是无复选框被选中。

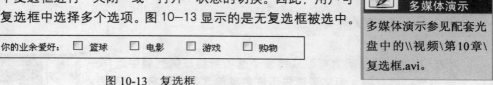

图 10-13 复选框

在表单中选择复选框，打开复选框"属性"面板，如图 10-14 所示。

图 10-14 复选框属性

在复选框"属性"面板中可以设置以下属性：

- 复选框名称 为该复选框输入一个唯一的描述性名称。
- 选定值 为复选框输入值。例如，在一项调查中，可以将值 4 表示为非常同意，值 1 表示为强烈反对。
- 初始状态 如果希望在浏览器中首次载入该表单时，有一个选项显示为选中状态，单击"已勾选"单选按钮。

10.4.4 单选按钮

"单选按钮"通常用于互相排斥的选项。只能选择一组中的某个按钮，因为选择其中的一个选项就会自动取消对另一个选项的选择，如图10-15所示。

图 10-15　单选按钮

在表单中选择单选按钮 ⊙，打开单选按钮"属性"面板，如图10-16所示。

图 10-16　单选按钮属性

单选按钮各属性如下：

- 单选按钮　给单选按钮命名。同一组单选按钮的名称必须相同。
- 选定值　设置单选按钮被选中时的取值。当用户提交表单时，该值被传送给处理程序（如 ASP、CGI 脚本）。应赋给同组的每个单选按钮不同的值。
- 初始状态　指定首次载入表单时单选按钮是已勾选还是未选中状态。

10.4.5 列表/菜单

"列表/菜单"使访问者可以从由多个选项所组成的列表中选择一项。对于页面空间有限、但又需要显示许多菜单选项的情况，"列表/菜单"非常有用。但需要注意，当菜单表单在浏览器中显示时，只有一个选项是可见的（可自行设置）。若要显示其他选项，需要访问者单击向下箭头显示整个列表，且仅能从中选择一项，如图10-17所示。也可以是列表框，选项总是显示在可滚动列表中。

在表单中选择列表/菜单 ▼，打开列表/菜单"属性"面板，如图10-18所示。

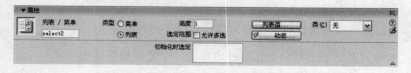

图 10-17　列表/菜单　　　　　图 10-18　列表/菜单属性

1. 滚动列表

滚动列表的属性设置步骤如下:

Step 01 在"属性"面板的"列表/菜单"文本框中,为该列表输入一个唯一名称。

Step 02 在"类型"中,选择"列表"单选按钮。

Step 03 在"高度"文本框中,输入一个数字,指定该列表将显示的行(或项)数。如果指定的数字小于该列表包含的选项数,则出现滚动条。

Step 04 如果允许用户选择该列表中的多个项,则选中"允许多选"复选框。

Step 05 单击"列表值"按钮,出现"列表值"对话框,如图 10-19 所示,在此添加选项。

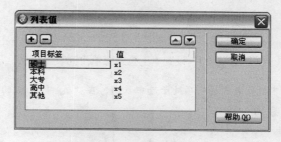

图 10-19 "列表值"对话框

(1)将插入点放在"项目标签"域中,输入要在该列表中显示的文本。

(2)在"值"域中,输入在用户选择该项时将发送到服务器的数据。

(3)若要向选项列表中添加其他项,可以单击"+(加号)"按钮,重复步骤(1)和(2)使用"+(加号)"和"-(减号)"按钮,添加或删除列表中的条目。条目的排列顺序与"列表值"对话框中的顺序相同。当网页被载入浏览器时,列表中的第一项被选中。使用上、下箭头按钮可重新排列列表中的选项。

(4)完成向列表中添加项后,单击"确定"按钮,关闭"列表值"对话框。此时,在"初始化时选定"框中会看到这些选项。

Step 06 为了在默认情况下使列表中的一项处于选中状态,可以在"属性"面板的"初始化时选定"框中选择该项,如图 10-20 所示。

图 10-20 设置列表初值

Step 07 完成的结果如图 10-21 所示。

图 10-21 滚动列表

2．下拉式菜单

下拉式菜单的设置步骤如下：

Step 01 在"属性"面板的"列表/菜单"文本框中，为该菜单输入一个唯一名称。

Step 02 在"类型"下，选择"菜单"单选按钮。

Step 03 单击"列表值"按钮弹出"列表值"对话框，如图 10-22 所示，在此添加选项。

图 10-22　设置"下拉式菜单"列表值

Step 04 为了在默认情况下使列表中的一项处于选中状态，在"属性"面板的"初始化时选定"中选择一个菜单项，如图 10-23 所示。

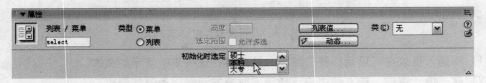

图 10-23　设置"下拉式菜单"初始化选定值

Step 05 完成的结果如图 10-24 所示。

图 10-24　"下拉式菜单"结果图

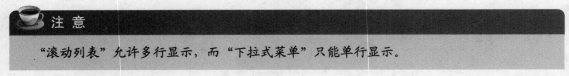

注 意

"滚动列表"允许多行显示，而"下拉式菜单"只能单行显示。

10.4.6　文件域

"文件域"允许用户选择自己计算机上的文件，如文字文档或图像文件，然后将所选择的文件上传到服务器中。文件域类似于其他文本域，只是文件域包含一个"浏览"按钮。用户可以手动输入要上传文件的路径，或通过"浏览"按钮选择文件。"文件域"允许用户在自己的硬盘上浏览文件，并把文件名及其路径作为表单数据上传，如图 10-25 所示。

图 10-25　文件域

在表单中选择文件域，打开文件域"属性"面板，如图 10-26 所示。

图 10-26　文件域属性

在文件域"属性"面板中可设置以下属性：

- 文件域名称　给文件域命名。
- 字符宽度　设置文件域可显示的最大字符数。这个数字可以比最多字符数小。
- 最多字符数　设置文件域可以输入的最大字符数。使用此项属性限制文件名的长度。

10.4.7　图像域

"图像域"可以在表单中插入图像以代替表单按钮。比如可以使用图像域替换"提交"按钮，以生成图像化按钮。也可以用来替换各种按钮，使界面更漂亮些，如图 10-27 所示。

图 10-27　图像域

在表单中选择图像域，打开图像域"属性"面板，如图 10-28 所示。

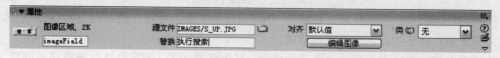

图 10-28　图像域属性

在图像域"属性"面板中可设置如下属性：

- 图像区域　给图像指定名称。
- 源文件　给图像域设置源文件。单击文件夹图标，可浏览图像文件。
- 替换　为文本浏览器或设置为手动下载图像的浏览器指定替代图像的文本。在一些浏览器中，当鼠标指针掠过图像时，这一文本同时显示出来。

10.4.8　隐藏域

"隐藏域"是用来收集有关用户信息的文本域。当用户提交表单时，该域中存储的信息将发送到服务器。

插入隐藏域时，Dreamweaver 8 会在文档中创建标记。如果在文档中已经插入了隐藏域，但却看不到该标记，可通过选择"查看"｜"可视化助理"｜"不可见元素"选项来查看或隐藏该标记，如图 10-29 所示。

图 10-29 隐藏域

在表单中选择隐藏域 ，打开隐藏域"属性"面板。如果看不到隐藏域，选择"编辑"｜"首选参数"选项，弹出"首选参数"对话框；在左侧的"分类"框中选择"不可见元素"选项，在右侧选中"表单隐藏区域"复选框，然后单击"确定"按钮。

隐藏域"属性"面板如图 10-30 所示。

图 10-30 隐藏域属性

在此设置如下属性：

- 隐藏区域　给隐藏域命名。
- 值　设置隐藏域的取值。

10.4.9　跳转菜单

"跳转菜单"对站点访问者可见，其列出了链接到文档或文件的选项。可以创建到可在浏览器中打开的任何文件类型的链接，如整个 Web 站点内文档的链接、到其他 Web 站点上文档的链接、电子邮件链接以及到图像中的链接。

为菜单上每一选项设置到一个文件的链接。从中任选一项，便可跳转到被链接的网页文件，如图 10-31 所示。

图 10-31 跳转菜单

 提　示

经过以上操作后的文档页面，可以参见光盘中的 ch10\01.asp 文件。

当在表单中插入"跳转菜单"时，弹出"插入跳转菜单"对话框。在该对话框中可设置各项跳转菜单的显示文字以及各个菜单的链接设置等属性，如图 10-32 所示。具体步骤如下：

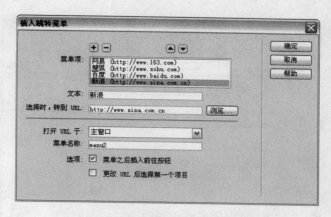

图 10-32 "插入跳转菜单"对话框

Step 01 单击 "+" 按钮添加一个菜单项，在 "文本" 框中输入在列表中显示的文本。

Step 02 单击 "选择时，转到 URL" 文本框右边的 "浏览" 按钮，选择用户单击跳转菜单选项时要打开的相应的文档；或直接输入要打开的文档的路径。

Step 03 从 "打开 URL 于" 下拉列表中选择文件打开的位置。选择 "主窗口" 选项，可使文件打开在同一窗口；选择一个框架，文件将在该框架中打开。

Step 04 要添加另外的菜单项，单击加号 "+" 按钮，并重复步骤 1~3 的操作。

Step 05 通过上、下三角箭头，可调整跳转菜单的前后顺序。选中一个菜单项，然后单击 "–" 按钮，便可删除该项。

Step 06 完成后单击 "确定" 按钮，跳转菜单完成的结果类似于图 10-33 所示。

图 10-33 跳转菜单

10.4.10 课堂实训——制作调查表单

双击本书附带光盘中的 ch10\SAMPLE02\FINAL\FORM2.ASP 文件，出现如图 10-34 所示的画面。

实讲实训
多媒体演示

多媒体演示参见配套光盘中的 \\视频\第10章\制作调查表单.avi。

本实例所展示的是一个关于"盗版光盘"的网上调查表单。该调查表单中包含：用户年龄段的调查、购买盗版光盘比例的调查、用户对光盘需求的调查以及用户的想法。具体操作步骤如下：

Step 01 用 Dreamweaver 8 打开光盘中的 ch10\SAMPLE02\FORM2.ASP 文件。

Step 02 打开 "插入" 工具栏，在 "表单" 标签下单击 "表单" 按钮 ▢，在页面中创建一个表单。

Step 03 在所插入的表单中插入一个 6 行 4 列、宽度为 600 的表格，其中表格的边框粗线为 1。表格插入后的结果如图 10-35 所示。

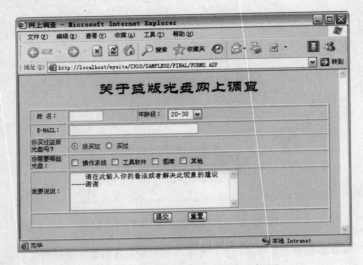

图 10-34　"网上调查"实例效果图

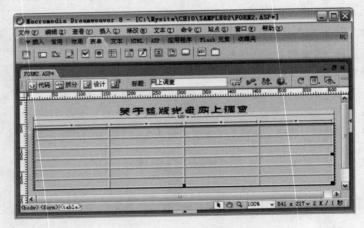

图 10-35　插入表格

Step 04 根据需要对表格进行编辑，并在表格内输入所要调查的项目。完成的结果如图 10-36 所示。

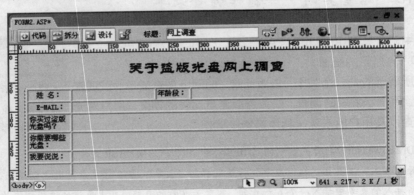

图 10-36　填写调查项目

Step 05 在表格内插入对应的表单对象，设置各表单对象属性（名称不做要求），如图 10-37 所示。

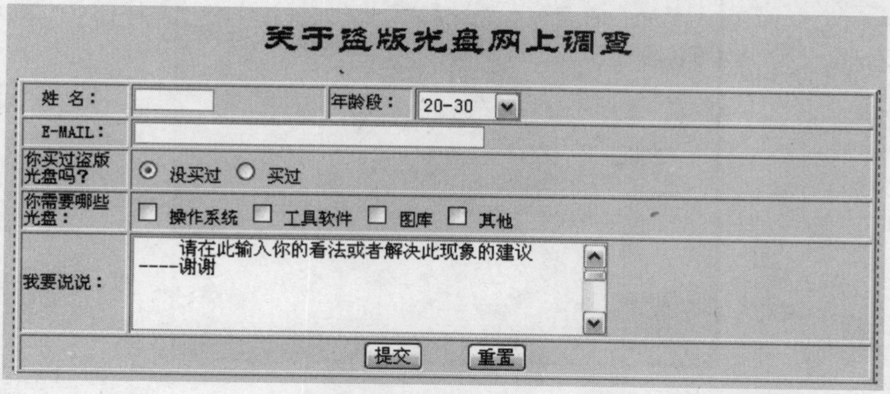

关于盗版光盘网上调查

| 姓 名： | | 年龄段： 20-30 |
| E-MAIL： | | |

你买过盗版光盘吗？ ⊙ 没买过 ○ 买过

你需要哪些光盘： □ 操作系统 □ 工具软件 □ 图库 □ 其他

我要说说： 请在此输入你的看法或者解决此现象的建议 ----谢谢

提交　重置

图 10-37　插入几种表单对象

Step 06 完成该网上调查表单的制作，保存文档。

技 巧

在网页源文件中加入如下代码：

`<!--请在这里加入注释 -->`

即可在网页中加入注释。

10.5 案例实训

本节以两个案例来介绍表单的制作过程。

10.5.1 案例实训1——制作"留言簿"表单

双击本书附带光盘中的 ch10\SAMPLE01\FINAL\FORM1.ASP 文件，出现如图 10-38 所示的画面。

这是一个"留言簿"的表单案例，通常使用此表单来收集浏览者的信息。可根据这些信息对网站进行改进，以便更贴切地为浏览者服务。本例具有很强的参考价值。

实讲实训 多媒体演示

多媒体演示参见配套光盘中的\\视频\第10章\制作"留言簿"表单.avi。

具体操作步骤如下：

Step 01 用 Dreamweaver 8 打开光盘中的 ch10\SAMPLE01\FORM1.ASP 文件，初始画面如图 10-39 所示。

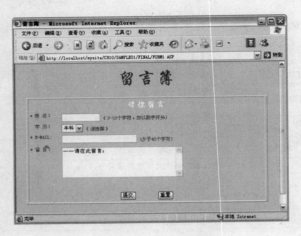

图 10-38　案例效果图

图 10-39　实例初始画面

Step
02 打开"插入"工具栏，在"表单"标签下单击"表单"按钮，便可在页面中创建一个表单。

Step
03 在红色虚线的表单内单击，使插入点置于新创建的表单内。选择"插入"｜"表格"选项，弹出"表格"对话框，所插入表格的设置如图 10-40 所示。

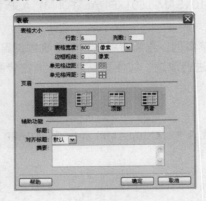

图 10-40　"表格"对话框

Step 04 设置好"表格"对话框后，单击"确定"按钮，便可在该文档中插入一个表格，如图 10-41 所示。

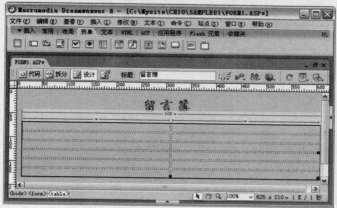

图 10-41　已经插入表格

Step 05 如果愿意，还可以调整表格的大小（利用鼠标拖动表格的选中点来调整大小），使之更合乎自己的意愿和网页的需要。

Step 06 参照效果图，对表格的第一行和最后一行单元格进行合并，并在表格内输入相应的留言簿项目。完成的结果如图 10-42 所示。

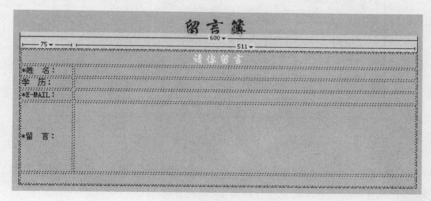

图 10-42　填写留言簿项目

Step 07 插入文本域。光标置于"姓名："的右边单元格中，单击"插入"工具栏"表单"标签下的"文本字段"按钮□，插入文本域。

Step 08 设置文本域的属性。选中文本域（单击文本域），打开文本域"属性"面板。"字符宽度"设置为 12，"最多字符数"设置为 12，文本域的类型选择"单行"文本域，并输入文本域的名称 name，如图 10-43 所示。

Step 09 重复操作步骤 7~8，在 E-MAIL 右边单元格中插入文本域并设置文本域的属性，如图 10-44 所示。

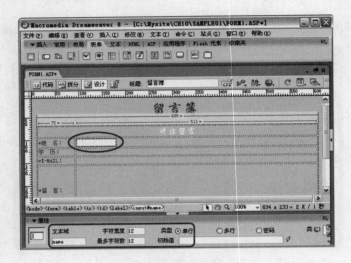

图 10-43　设置文本域的属性

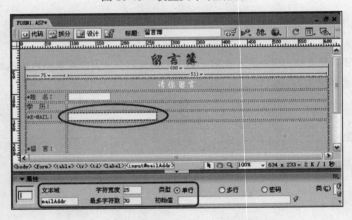

图 10-44　设置 E－MAIL 文本域属性

Step
10　插入"列表/菜单"。将光标停在"学历"右边的单元格中，单击"表单"标签下的"列表/菜单"
　　按钮▦，便可插入一个列表/菜单，如图 10-45 所示。

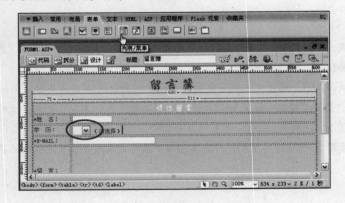

图 10-45　插入列表/菜单

Step
11 设置"列表/菜单"属性。选中列表/菜单,打开"属性"面板,输入列表/菜单的名称,并选择列表/菜单的类型为"菜单",如图 10-46 所示。

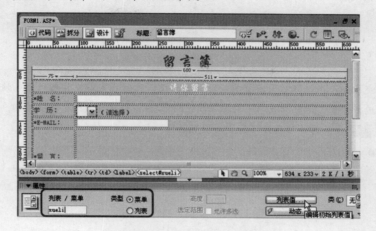

图 10-46 设置列表/菜单属性

单击"列表值"按钮 列表值... ,弹出"列表值"对话框,如图 10-47 所示。

图 10-47 插入列表值

在该对话框的"项目标签"中输入列表条目中显示的文字或数字,在"值"中输入当标签文字被选中时传送给处理程序的信息。通过单击"+"或"–"按钮,添加或删除列表条目中的选项。使用上、下箭头按钮,可重新排列列表中的选项顺序。完成操作后,单击"确定"按钮,确定操作。

在返回的"属性"面板中,单击"属性"面板右下角的箭头,打开全部的面板。在"初始化时选定"框内,设置该列表框初始被选定的项目,选中并单击即可,如图 10-48 所示。

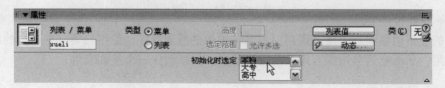

图 10-48 初始被选中项目

Step
12 在"留言"文本右边单元格中,插入多行文本域。具体的方法是:先插入一个文本区域,然后将属性设置为"多行",并输入相应的"初始值",如图 10-49 所示。

图 10-49　设置多行文本域属性

Step 13 插入提交按钮。表单只有具有提交功能才有意义。选择插入提交按钮位置（注意：将最后一行单元格进行合并），在"表单"标签下单击 按钮，分别插入两个提交按钮。然后选中其中一个按钮 提交 ，并打开"属性"面板，设置属性，如图 10-50 所示。

图 10-50　按钮"属性"面板

第二个按钮属性设置如图 10-51 所示。

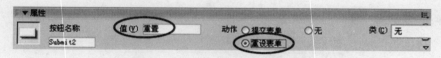

图 10-51　设置"重置"按钮

Step 14 完成以上各操作步骤后，再输入相应的文本，便完成该网上调查表单的制作，最后保存文档。
Step 15 按 F12 键并浏览该留言簿表单的效果。

10.5.2　案例实训 2——添加搜索引擎

很多个人网站上都有如图 10-52 所示的搜索引擎，在文本框中输入关键字并选择搜索的类型后，单击"搜索"按钮，浏览器中就会列出符合条件的记录。

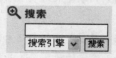

图 10-52　搜索引擎

这样的搜索引擎实际上是在调用门户网站提供的搜索程序，像搜狐等都有这样的程序供个人站点使用，下面就边学边练习用百度提供的搜索引擎制作一个搜索表单。

1．插入表单对象

具体步骤如下：

Step 01 新建文档，用"表单"插入工具栏中的"表单"按钮插入一个表单域，然后将光标定位在红框内，用"常用"插入工具栏中的"表格"按钮插入一个 3 行 1 列的表格，宽度为 150 像素，如

图 10-53 所示。

Step 02 在第 1 个单元格中插入图片（文件路径为 "Mysite\ch10\IMAGES\search.gif"）。然后单击"表单"插入工具栏中的"文本字段"按钮 ，在第 2 个单元格内增加一个单行文本框，选中单行文本框，在"属性"面板上设置其各项属性，如图 10-54 所示。

图 10-53 添加表单域和表格

图 10-54 设置单行文本框属性

 注 意

文本框的名字必须为 "_searchkey"，这是由新浪网的搜索程序确定的。

Step 03 然后在第 3 个单元格中增加一个菜单和一个按钮，并设置按钮的属性如图 10-55 所示。此时整个表单的效果如图 10-56 所示。

图 10-55 设置按钮的属性

图 10-56 添加完后的表单

2. 修改菜单属性

具体步骤如下：

Step 01 选中菜单，单击"列表值"按钮，在弹出的"列表值"对话框中编辑列表中的内容，各选项中的内容和值如图 10-57 所示。

Step 02 单击"确定"按钮关闭"列表值"对话框，然后在"属性"面板上将"搜索引擎"设成默认选项，将菜单名称设为 "_ss"（该名称不能修改），如图 10-58 所示。

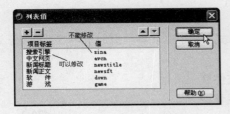
图 10-57 设定好的列表值

图 10-58 设置"属性"面板

3. 设定表单属性

具体步骤如下：

Step 01 将光标移到表单的红框上单击，在"属性"面板的"动作"文本框中输入搜索引擎的 URL，这

里输入 "http://search.sina.com.cn/cgi-bin/search/search.cgi"，并设置提交表单的方法为 GET，如图 10-59 所示。

图 10-59 设置表单动作和方法

Step 02 保存网页并按 F12 键打开浏览器，在文本框中输入关键词"电影"，在下拉列表中选择"中文网页"，然后单击"搜索"按钮，如图 10-60 所示。

Step 03 此时网页将调用新浪的搜索引擎开始搜索。

完成后的结果如图 10-61 所示。对应的最终代码文件见本章素材目录下的 search.htm 文件。

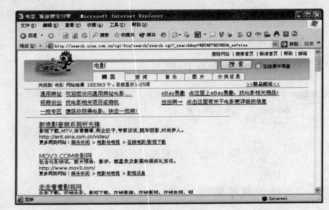

图 10-60 在浏览器中搜索页面　　　　　　　图 10-61 搜索结果页面

10.6 习题

一、选择题

1. 表单域是获得用户在表单中输入文本的主要方式。其中有 3 种类型的表单域，不属于这 3 种类型的是_____。

    A．文本域　　　　　　　　　　　　B．文件域

    C．隐藏域　　　　　　　　　　　　D．图像域

2. 下列叙述正确的是_____。

    A．表单有两个重要组成部分：一是描述表单的 HTML 源代码；二是用于处理用户在表单域中输入信息的服务器端应用程序客户端脚本，如 ASP、CGI 等

    B．使用 Dreamweaver 8 可以创建表单，可以给表单中添加表单对象，但不能通过使用"行为"来验证用户输入的信息的正确性

    C．当访问者将信息输入 Web 站点表单并单击提交按钮时，这些信息将被发送到服务

　　器，但服务器端脚本或应用程序不能对这些信息进行直接处理

　　D．表单通常用来做调查表、订单，但不能用来做搜索界面

3．下列关于表单的说法不正确的一项是_____。

　　A．表单对象可以单独存在于网页表单之外

　　B．表单中包含各种表单对象，如文本域、列表框和按钮

　　C．表单就是表单对象

　　D．表单由两部分组成：一是描述表单的 HTML 源代码；二是用来处理用户在表单域中输入的信息的服务器端应用程序客户端脚本

4．下列按钮中，用来插入"列表/菜单"的是_____。

　　A． ▦　　　　　　　　　　　　B． ▯

　　C． ▢　　　　　　　　　　　　D． ▤

5．在 Dreamweaver 8 中，要创建表单对象，可选择_____菜单中的选项。

　　A．"编辑"　　　　　　　　　　B．"查看"

　　C．"插入"　　　　　　　　　　D．"修改"

二、简答题

1．简述插入表单的方法。

2．简述在 Dreamweaver 8 中表单对象的种类。

三、操作题

自己设计并创建一个客户登录表单。

Chapter 11

行为

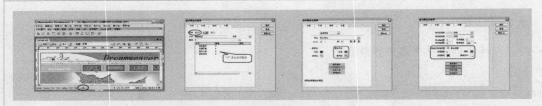

　　本章中所涉及的素材文件，可以参见配套光
盘中的\\Mysite\ch11。

基础知识 ▶
- ❖ 　行为的基本知识
- ❖ 　事件的基本知识

重点知识 ▶
- ❖ 　"行为"面板的用法
- ❖ 　行为的基本操作

提高知识 ▶
- ❖ 　行为动作
- ❖ 　行为事件的设置

11.1   行为的概念

　　行为的特点是强大的网页交互功能，行为能够根据访问者鼠标的不同动作来让网页执行相应的操作，或相应地更改网页的内容。使用行为使得网页制作人员不用编程就能实现一些程序动作。例如，验证表单、打开一个浏览器窗口等。

　　行为是事件和动作的组合。例如，网页中有一幅图片，当访问者将鼠标移到这个图片上的时候（事件），该图片上的内容变为另一张图片的内容（动作）。动作是预先编写好的 JavaScript 脚本，可用来执行指定任务，例如，打开浏览器、播放声音或停止 Shockwave 电影等。事件则是由浏览器为每个页面元素定义的，是访问者对网页的基本操作。例如，onMouseOver、onMouseOut 和 onClick 等，它们在大多数浏览器中和链接相关联，而 onLoad 则是和图像以及文档正文相关联的事件。

11.2   "行为"面板的用法

　　Dreamweaver 8 中使用行为的主要途径是"行为"面板。要使用"行为"面板，具体操作步骤如下：

Step 01 选择"窗口"｜"行为"选项或按 Shift+F4 组合键打开"行为"面板，如图 11-1 所示。

Step 02 单击"行为"面板中的 ➕ 按钮，则可在出现的菜单中选择所需要的动作。

> **提示**
>
> 在选取浏览器适配器类型时，需要单击 ➕ 按钮，选择"显示事件"选项，并在其下级菜单中选择所需要的浏览器类型。

Step 03 选中"行为"面板中某一事件，单击 ➖ 按钮便可从事件列表中删除所选择的事件，如图 11-2 所示。

图 11-1   "行为"面板

图 11-2   删除行为动作

Step 04 在事件列表中，通过 ▲（增加事件值）和 ▼（降低事件值）箭头可向上或向下移动所选定的动作。

11.3 行为的基本操作

本节主要通过两个课堂实训讲解了添加行为和修改行为。读者可以通过学习掌握这两个行为的基本操作。

11.3.1 课堂实训1——添加行为

用户可以将行为添加给整个文档（BODY 部分），也可以添加给链接、图像、表单等对象或任何其他 HTML 元素。如果浏览器支持该行为，将会显示在添加行为的菜单栏中。

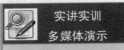

实讲实训
多媒体演示

多媒体演示参见配套光盘中的\\视频\第11章\行为的基本操作.avi。

每个事件可以指定多个动作。动作将按顺序列表依次发生。下面就来完成向页面添加弹出消息的行为，具体操作步骤如下：

Step 01 打开光盘中 ch11 文件夹下的 BEHAVIOR.ASP 文档，准备为该文档的 body 部分即整个文档添加一个弹出消息行为，如图 11-3 所示。

图 11-3 实例页面

Step 02 选中要添加行为的对象。如果要将行为添加给整个页面，单击"文档"窗口左下角标签面板中的<body>标签，使之高亮显示，如图 11-4 所示。

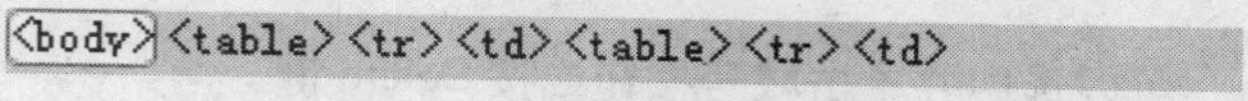

<body> <table> <tr> <td> <table> <tr> <td>

图 11-4 选择<body>标签

Step 03 选择 "窗口" | "行为" 选项来打开 "行为" 面板。

Step 04 单击面板中的 + 按钮并从弹出的菜单中选择 "弹出信息" 选项。

Step 05 在 "弹出信息" 对话框的 "消息" 文本框中输入要弹出的消息内容，如图 11-5 所示。

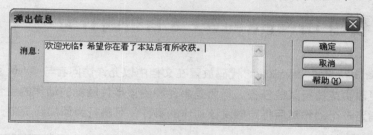

图 11-5 "弹出信息" 对话框

Step 06 单击 "确定" 按钮，关闭 "弹出信息" 对话框。

Step 07 动作的默认事件将出现在 "事件" 列表中。如果该事件不符合需要，则可以从 "事件" 下拉列表中选择其他事件，如图 11-6 所示。

图 11-6 出现在 "事件" 列表中的默认事件

11.3.2 课堂实训 2——修改行为

在添加了行为以后，可以改变触发动作的事件、添加或删除动作以及改变动作的参数等，操作步骤如下：

Step 01 选择一个添加了行为的对象。

Step 02 选择 "窗口" | "行为" 选项，打开 "行为" 面板。

Step 03 "行为" 将按事件的字母顺序出现在面板中。如果相同的事件有若干个动作，则动作将按执行顺序排列。

Step 04 进行以下操作。

- 要删除行为，可以选中并单击减号按钮或按 Delete 键。
- 要改变动作的参数，可以双击行为或选中后按回车键，在弹出的对话框中改变其参数，然后单击"确定"按钮。
- 要改变给定事件的动作顺序，可以选中行为后单击"增加事件值" ▲ 或"降低事件值" ▼ 按钮。

11.4　使用 Dreamweaver 8 自带的行为

Dreamweaver 8 行为将 JavaScript 代码放置在文档中以允许访问者与 Web 页进行交互，从而以多种方式更改页或执行某些任务。行为是事件和由该事件触发的动作的组合。在"行为"面板中，通过指定一个动作然后指定触发该动作的事件，可将行为添加到页中。

注 意

行为代码是客户端 JavaScript 代码，即行为代码运行于浏览器中，而不是服务器上。

11.4.1　行为动作

Dreamweaver 8 提供大约 20 多个行为动作，这些行为动作均由 Dreamweaver 8 工程师精心编写，以提供最大的跨浏览器兼容性。当然，也可以在 Macromedia Exchange Web 站点以及第三方开发人员站点上找到更多的动作。

1．播放声音

使用"播放声音"动作可播放声音。例如，可能要在每次鼠标指针滑过某个链接时播放一段声音效果，或在载入页面时播放音乐剪辑。

注 意

浏览器可能需要用某种附加的音频支持（例如音频插件）来播放声音。因此，具有不同插件的不同浏览器所播放声音的效果通常会有所不同。很难准确地预测出站点的访问者对提供的声音感受如何。

2．打开浏览器窗口

使用"打开浏览器窗口"动作可在一个新的窗口中打开 URL。可以指定新窗口的属性（包括其大小）、特性（是否可以调整大小、是否具有菜单条等）和名称。例如，可以使用此行为在访问者单击缩略图时在一个单独的窗口中打开一个较大的图像，且可以使新窗口与该图像恰好一样大。

如果不指定该窗口的任何属性，在打开时其大小和属性与启动它的窗口相同。指定窗口中的所有未显示打开的属性都将自动关闭。例如，如果不为窗口设置任何属性，该窗口将以 640×480 像素的大小打开并具有导航工具栏、地址工具栏、状态栏和菜单条。如果将宽度显式设置为 640 像素、将高度设置为 480 像素，但不设置其他属性，则该窗口将以 640×480 像素的大小打开，但不具有任何导航工具栏、地址工具栏、状态栏、菜单条、调整大小手柄和滚动条。

3．弹出信息

"弹出信息"动作可显示一个带有指定消息的 JavaScript 警告。因为 JavaScript 警告只有一个按钮（"确定"），所以使用此动作可以提供信息，而不能为用户提供选择。

可以在文本中嵌入任何有效的 JavaScript 函数调用、属性、全局变量或其他表达式。若要嵌入一个 JavaScript 表达式，请将其放置在大括号（{{}）中。若要显示大括号，须要在大括号前面加一个反斜杠（\）。

4．调用 JavaScript

"调用 JavaScript"动作允许使用"行为"面板指定当发生某个事件时应该执行的自定义函数或 JavaScript 代码行（可以自己编写 JavaScript 或使用 Web 上多个免费的 JavaScript 库中提供的代码）。

5．改变属性

使用"改变属性"动作可以更改对象某个属性（例如，层的背景颜色或表单的动作）的值。可更改的属性是由浏览器决定的；在 IE 4.0 中可以通过此行为更改的属性比 IE 3.0 或 Navigator 3.0/4.0 多。例如，可以动态设置层的背景颜色。

6．恢复交换图像

"恢复交换图像"动作可将最后一组交换的图像恢复为之前的源文件。每次将"交换图像"动作添加到某个对象时都会自动添加"恢复交换图像"动作；如果在添加"交换图像"动作时撤选默认选中的"鼠标滑开时恢复图像"复选框，则需要手动选择"恢复交换图像"动作。

7．检查表单

"检查表单"动作可检查指定文本域的内容以确保用户输入了正确的数据类型。可使用 onBlur 事件将此动作添加到单个文本域，在用户填写表单时对域进行检查；或使用 onSubmit 事件将其添加到表单，在用户单击"提交"按钮时同时对多个文本域进行检查。将此动作添加到表单，可防止表单提交到服务器后，任何指定的文本域包含无效的数据。

8．检查插件

使用"检查插件"动作，可根据访问者是否安装了指定的插件这一情况而跳转到不同的页面。例如，让安装有 Shockwave 的访问者转到一页，让未安装该软件的访问者转到另一页。

9．检查浏览器

使用"检查浏览器"动作可根据访问者的不同类型和版本的浏览器而转到不同的页。例如，让使用 Navigator 4.0 或更高版本浏览器的访问者转到一页，让使用 IE 4.0 或更高版本的访问者转到另一页，并让使用任何其他类型浏览器的访问者留在当前页上。

要将此行为附加到几乎与任何浏览器都兼容的页（该页不使用任何其他 JavaScript）上，<body>标签十分有用；这样，已关闭 JavaScript 功能的访问者在访问此页时仍可以看到内容。

另一个办法是将此行为附加到一个空链接（例如，<a href="javascript:;">），并让该动作根据访问者浏览器的类型和版本确定链接的目标。

注　意

不能使用 JavaScript 在 IE 中检测特定的插件。但是，选择 Flash 或 Director 会将相应的 VBScript 代码添加到页上，以在 Windows 上的 IE 中检测这些插件。Macintosh 上的 IE 中不能实现插件检测。

10．交换图像

"交换图像"动作可通过更改<img>标签的 src 属性将一个图像和另一个图像进行交换。使用此动作可创建鼠标经过图像和其他图像效果（包括一次交换多个图像）。选择"鼠标经过图像"选项会自动将一个"交换图像"行为添加到页中。

11．控制 Shockwave 或 Flash

使用"控制 Shockwave 或 Flash"动作来播放、停止、倒带或转到 Macromedia Shockwave 或 Macromedia Flash 影片中的帧。

12．设置导航栏图像

使用"设置导航栏图像"动作可将某个图像转换为导航栏图像，或更改导航栏中图像的显示和动作。

使用"设置导航栏图像"对话框的"基本"选项卡，可创建或更新导航栏图像或图像组、更改当按下导航栏按钮时前往的 URL，以及选择显示 URL 的其他窗口。

使用"设置导航栏图像"对话框的"高级"选项卡，可根据当前按钮的状态更改文档中其他图像的状态。默认情况下，单击导航栏中的一个元素将使导航栏中的所有其他元素自动返回到一般状态；如果想将处于按下或滑过状态的图像设置为不同的状态，则使用"高级"标签。

13．设置框架文本

"设置框架文本"动作允许动态设置框架的文本，用指定的内容替换框架的内容和格式设置。该内容可以包含任何有效的 HTML 代码。使用此动作可动态显示信息。

虽然"设置框架文本"动作将替换框架的格式设置，但可以选择"保留背景颜色"选项，以保留页背景和文本颜色属性。

可以在文本中嵌入任何有效的 JavaScript 函数调用、属性、全局变量或其他表达式。若要嵌入一个 JavaScript 表达式，可以将其放置在大括号（{{}）中。若要显示大括号，须要在其前面加一个反斜杠（\）。

14．设置层文本

"设置层文本"动作可用指定的内容替换网页上现有层的内容和格式设置。该内容可以包括任何有效的 HTML 源代码。

虽然"设置层文本"将替换层的内容和格式设置，但保留层的属性，包括颜色。通过在"设置层文本"对话框的"新建 HTML"框中输入替换层文本的内容，可对内容进行格式设置。

可以在文本中嵌入任何有效的 JavaScript 函数调用、属性、全局变量或其他表达式。若要嵌入一个 JavaScript 表达式，可以将其放置在大括号({{}})中。若要显示大括号，须要在其前面加一个反斜杠(\)。

15．设置状态栏文本

"设置状态栏文本"动作可在浏览器窗口底部左侧的状态栏中显示消息。例如，可以使用此动作在状态栏中说明链接的目标而不是显示与之关联的 URL。若要查看状态消息的示例，可以将鼠标滑过 Dreamweaver 帮助中的任何导航按钮。但是，访问者常常会忽略或注意不到状态栏中的消息（并不是所有的浏览器都提供设置状态栏文本的完全支持）；如果消息非常重要，须要考虑将其显示为弹出式消息或层文本。

可以在文本中嵌入任何有效的 JavaScript 函数调用、属性、全局变量或其他表达式。若要嵌入一个 JavaScript 表达式，可以将其放置在大括号（{{}}）中。若要显示大括号，须要在其前面加一个反斜杠(\)。

16．设置文本域文字

"设置文本域文字"动作可用指定的内容替换表单文本域的内容。

可以在文本中嵌入任何有效的 JavaScript 函数调用、属性、全局变量或其他表达式。若要嵌入一个 JavaScript 表达式，可以将其放置在大括号（{{}}）中。若要显示大括号，须要在其前面加一个反斜杠(\)。

17．转到时间轴帧

"转到时间轴帧"动作可将播放头移动到指定的帧。可以在"时间轴"面板的"行为"通道中使用此动作，让时间轴的某一部分循环一定的次数、创建"倒带"链接或按钮，或者让用户跳到动画中的其他部分。

18．"播放时间轴"和"停止时间轴"

使用"播放时间轴"和"停止时间轴"动作让访问者通过单击链接或按钮开始和停止时间轴，或在用户滑过链接、图像或其他对象时自动开始和停止时间轴。当在"时间轴"面板中选择"自动播放"复选框时，"播放时间轴"动作通过 onLoad 事件自动附加到 <body>标签。

19．跳转菜单

当选择"插入"｜"表单"｜"跳转菜单"选项创建跳转菜单时，Dreamweaver 8 创建一个菜单对象并向其附加一个"跳转菜单"（或"跳转菜单转到"）行为。通常不需要手动将"跳转菜单"动作附加到对象。

20．跳转菜单开始

"跳转菜单开始"动作与"跳转菜单"动作密切关联；"跳转菜单开始"允许将一个"转到"按钮和一个跳转菜单关联起来（在使用此动作之前，文档中必须已存在一个跳转菜单）。单击"转到"按钮可打开在该跳转菜单中选择的链接。通常情况下，并不是每一个跳转菜单都需要一个"转到"按钮，从跳转菜单中选择一项就会引起 URL 的载入，不需要任何进一步的用户操作。但是如果跳转菜单出现在一个框架中，而跳转菜单项链接到其他框架中的页，则需要使用"转到"按钮，以允许访问者重新选择已在跳转菜单中选择的项。

21．拖动层

"拖动层"动作允许访问者拖动层。可使用此动作创建拼板游戏、滑块控件和其他可移动的界面元素。

可以指定访问者向哪个方向拖动层（水平、垂直或任意方向），访问者应该将层拖动到的目标，层在目标一定数目的像素范围内是否将层靠齐到目标，当层接触到目标时应该执行的操作和其他更多的选项。

因为在访问者可以拖动层之前必须先调用"拖动层"动作，所以先确保触发该动作的事件发生在访问者试图拖动层之前。最佳的方法是（使用 onLoad 事件）将"拖动层"附加到<body>对象上。

22．显示-隐藏层

"显示-隐藏层"动作可显示、隐藏或恢复一个或多个层的默认可见性。此动作用于在用户与页进行交互时显示信息。例如，当用户将鼠标指针滑过一个植物的图像时，可以显示一个层给出有关该植物的生长季节和地区、需要多少阳光、可以长到多大等详细信息。

"显示-隐藏层"还可用于创建预先载入层，即一个最初挡住页内容的较大层，在所有页组件都完成载入后该层即消失。

23．显示弹出式菜单

使用"显示弹出式菜单"行为来创建或编辑 Dreamweaver 8 弹出式菜单，或者打开并修改已插入 Dreamweaver 8 文档的 Fireworks 弹出式菜单。

通过在"显示弹出式菜单"对话框中设置选项来创建水平或垂直弹出式菜单。可以使用此对话框来设置或修改弹出式菜单的颜色、文本和位置。

注 意

必须使用 Dreamweaver 8"属性"面板中的"编辑"按钮来编辑 Fireworks 基于图像的弹出式菜单中的图像。但是，可以选择"显示弹出式菜单"选项来更改基于图像的弹出式菜单中的文本。

24. 预先载入图像

"预先载入图像"动作将不立即出现在页面上的图像（例如，那些通过时间轴、行为或 JavaScript 换入的图像）载入浏览器缓存中。这可防止当图像出现时由于下载导致的延迟。

☕ 注 意

"交换图像"动作可自动预先载入在"交换图像"对话框中选择"预先载入图像"选项的所有图像，因此当使用"交换图像"时，不需要手动添加预先载入图像。

25. 转到 URL

"转到 URL"动作可在当前窗口或指定的框架中打开一个新页。此动作对单击一次便更改两个或多个框架的内容特别有用。还可以在时间轴中调用此动作在指定的时间间隔后跳到一个新页。

11.4.2 事件

事件可以简单地理解为动作的触发点。事件是动作产生的先决条件。由于浏览器的版本不同，所支持的事件类型可能也不相同。为了区别，在这里将分类指出。其中，IE3 表示适用于 Internet Explorer 3.0 浏览器；IE4 表示适用于 Internet Explorer 4.0 浏览器；NS3 表示适用于 Netscape Navigator 3.0 浏览器；NS4 表示适用于 Netscape Navigator 4.0 浏览器。以下是事件和支持浏览器列表：

- onAfterUpdate（IE4） 当页面上的绑定数据元素完成数据源更新时即可生成该事件。
- onBeforeUpdate（IE4） 当页面上的绑定数据元素已经修改并且将要失去焦点时（也就是将要更新数据源时）即可生成该事件。
- onBlur（NS3，NS4，IE3，IE4） 当指定元素不再作为用户交互的焦点时即可产生该事件。例如，当用户在某文本域中单击之后，如果在该文本域的外面单击即可生成文本域中的 onBlur 事件。
- onBounce（IE4） 当选取框元素的内容已经到达选取框的边界时即可生成该事件。
- onChange（NS3，NS4，IE3，IE4） 当用户改变了页面上的值时（例如，从下拉列表中选择了一项）即可生成该事件。另外，当用户改变了文本域中的值，然后在页面其他位置单击时，也可生成该事件。
- onClick（NS3，NS4，IE3，IE4） 当用户单击指定元素（例如，超链接、按钮以及图像热点区域等）时即可生成该事件。
- onDblClick（NS4，IE4） 当用户双击指定元素（例如，超链接、按钮以及图像热点区域等）时即可生成该事件。
- onError（NS3，NS4，IE4） 当页面或图像载入时，如果浏览器产生错误即可生成该事件。
- onFinish（IE4）：当选取框元素的内容完成循环时即可生成该事件。
- onFocus（NS3，NS4，IE3，IE4） 与 onBlur 事件相反，当指定元素变成用户交互的焦点时即可生成该事件。
- onHelp（IE4） 当用户单击浏览器的"帮助"按钮或从浏览器菜单中选择"帮助"选项时即可生成该事件。
- onKeyDown（NS4，IE4） 当用户按下任意键时立即生成该事件。注意，该事件的生成不需要用户释放按键。

- onKeyPress（NS4，IE4） 当用户按下并释放任意键时即可生成该事件。该事件相当于 onKeyDown 和 onKeyUp 事件的组合。
- onKeyUp（NS4，IE4） 当用户在按下任意键之后释放所按键时即可生成该事件。
- onLoad（NS3，NS4，IE3，IE4） 当图像或页面完成载入时即可生成该事件。
- onMouseDown（NS4，IE4） 当用户按下鼠标键时即可生成该事件。注意，该事件的生成不需要用户释放鼠标。
- onMouseMove（IE3，IE4） 当用户在指定元素内移动光标时即可生成该事件。
- onMouseOut（NS3，NS4，IE4） 当鼠标指针移出指定元素时即可生成该事件。
- onMouseOver（NS3，NS4，IE3，IE4） 当光标从指定元素之外移动到指定元素之上时即可生成该事件。
- onMouseUp（NS4，IE4） 当按下的鼠标键被释放时即可生成该事件。
- onMove（NS4） 当窗口或框架移动时即可生成该事件。
- onReadyStateChange（IE4） 当指定元素的状态改变时即可生成该事件。元素状态可能包括尚未初始化、正在载入和已经完成等。
- onReset（NS3，NS4，IE3，IE4） 当表单被重置为默认值时即可生成该事件。
- onResize（NS4，IE4） 当用户调整浏览器窗口或框架大小时即可生成该事件。
- onRowEnter（IE4） 当绑定数据源的当前记录指针将要改变时即可生成该事件。
- onRowExit（IE4） 当绑定数据源的当前记录指针改变后即可生成该事件。
- onScroll（IE4） 当用户拖动滚动条上下移动浏览器窗口时即可生成该事件。
- onSelect（NS3，NS4，IE3，IE4） 当用户选择文本域中的文本时即可生成该事件。
- onStart（IE4）：当选取框元素的内容开始循环时即可生成该事件。
- onSubmit（NS3，NS4，IE3，IE4） 当用户提交表单时即可生成该事件。
- onUnload（NS3，NS4，IE3，IE4） 当页面卸载时即可生成该事件。

技 巧

在网页源代码中加入如下代码：

```
<a href="/" onclick="javascript:window.close(); return false;">关闭窗口</a>
```

即可设置命令来关闭打开的窗口。

11.5　案例实训

11.5.1　案例实训1——制作弹出菜单

打开光盘中的 ch11\SAMPLE01\CAIDAN.ASP 文件。在该页面上添加行为后，使得当鼠标指针移到导航栏上时，弹出相应的菜单，如图 11-7 所示。

实讲实训
多媒体演示

多媒体演示参见配套光盘中的\\视频\第11章\制作弹出菜单.avi。

图 11-7　"显示弹出式菜单"实例效果图

具体操作步骤如下：

Step 01 选中导航栏中的"我的相册"，如图 11-8 所示。可以发现该栏目是用一个图片制作的，而"显示弹出式菜单"只能添加在图片上，与利用层设计的菜单相比，受限制比较多。并且插入的图片必须有名称，即相应的<img>标签的 name 属性不能为空，需要输入一个名称值。

图 11-8　选中导航图片

Step 02 打开"行为"面板，单击"加号"按钮，从弹出的行为菜单中选择"显示弹出式菜单"选项，再单击弹出的提示框中的"继续"按钮，将弹出如图 11-9 所示的对话框。

Step 03 设置内容。在此对话框中选择"内容"选项卡，在"文本"框中输入所要显示弹出菜单的名称；"链接"框中输入显示菜单文本的链接；单击"＋"按钮可添加菜单项目。按照相同的方法可完成其他栏目菜单的创建。在"我的相册"菜单项下添加"美好童年"、"校园采集"、"快乐之旅"和"走向成功"4 个子菜单项，如图 11-10 所示。

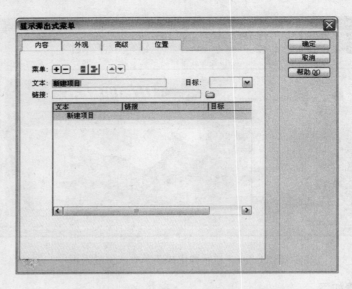

图 11-9 "显示弹出式菜单"对话框

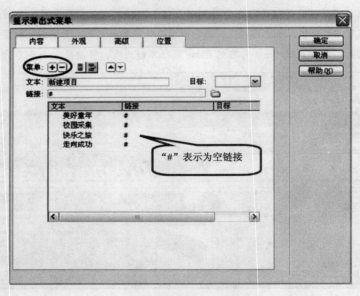

图 11-10 设置内容

Step 04 设置外观。在"显示弹出式菜单"对话框中选择"外观"选项卡，在此设置菜单的显示方式（垂直菜单或水平菜单），字体以及字体大小，文本的对齐方式和各种状态下的颜色效果，如图 11-11 所示。

Step 05 "高级"设置。在"显示弹出式菜单"对话框中选择"高级"选项卡。在其中设置"显示弹出式菜单"表格的一些属性，如表格的边框，单元格的宽度和高度以及填充等属性，如图 11-12 所示。

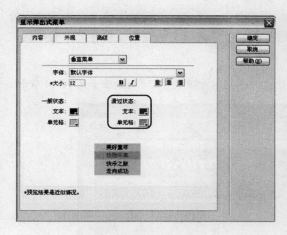 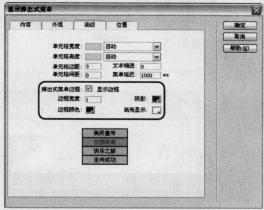

图 11-11　设置外观　　　　　　　　　　　　图 11-12　高级选项设置

Step 06 "位置"设置。在"显示弹出式菜单"对话框中选择"位置"选项卡，设置"显示弹出式菜单"所出现的位置以及鼠标响应的事件，如图 11-13 所示。

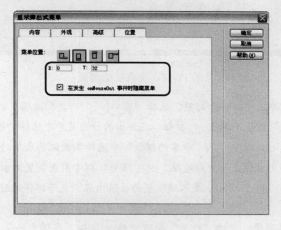

图 11-13　设置位置

Step 07 同样的方法，分别实现"我的文集"、"我的日记"和"我的诗集"3 个栏目的弹出菜单功能。

为这些主菜单添加的子菜单分别为：

- 我的文集　社会之窗、杂谈随感、生活之友、名人轶事；
- 我的日记　爱心行动、寻梦季节、人在旅途、精品口袋；
- 我的诗集　自由篇、生活篇、情感篇。

Step 08 保存文件，再按 F12 键即可看到类似图 11-7 所显示的效果。

11.5.2　案例实训 2——检查表单

本实例将在客户端完成"检查表单"动作。该动作可检查指定文本域的内容，以确保用户输入了正确的数据类型。可使用 onSubmit 事件，用户单击"提交"按钮时对多个文本域进行检查。将此动作附加到表单，可防止表单提交到服务器后，任何指定的文本域包含无效的数据。具体操作步骤如下：

Step 01 用 Dreamweaver 8 打开光盘中的 ch11\SAMPLE02\FORM.ASP 文件，初始画面如图 11-14 所示。

图 11-14　实例初始画面

Step 02 在文档的标签栏中选中<form>标签。选择"窗口"｜"行为"选项，打开"行为"面板。

Step 03 在打开的"行为"面板中单击 **+** 按钮，在弹出的行为菜单中选择"检查表单"选项。

Step 04 在"检查表单"对话框中，从"命名的栏位"中选择要验证的表单对象文本域的名称，"值"是用来确定某个文本域是否可以空缺，"可接受"栏中用来设置文本域所要输入的文本类型以及对文本的限制，将 E-MAIL 文本域设置为必填内容、电子邮件地址。最后单击"确定"按钮返回。

Step 05 更改行为的触发事件。选择"行为"面板中的 ☑ 按钮，在弹出的菜单中，将行为事件设置为 onSubmit，即触发点为提交表单时触发，然后关闭"行为"面板。

Step 06 保存文档，按 F12 键测试效果。

📚 **技 巧**

在网页源代码中的<body>...</body>之间加入如下代码：

```
<Script Language="JavaScript"><!--
document.write("Last Updated: "+document.lastModified);
--></Script>
```

即可自动加入最后修改日期。

11.6 习题

一、选择题

1. 下列不是访问者对网页的基本操作的是_____。
   A．onMouseOver   B．onMouseOut
   C．onClick   D．onLoad

2. 下列关于"行为"面板的说法中错误的是_____。
   A．动作（+）是一个菜单列表，其中包含可以附加到当前所选元素的多个动作
   B．删除（-）是从行为列表中删除所选的事件和动作
   C．上下箭头按钮是将特定事件的所选动作在行为列表中向上或向下移动，以便按定义的顺序执行
   D．"行为"通道不是在时间轴中特定帧处执行的行为的通道

3. 下列关于行为的说法不正确的是_____。
   A．行为即是事件，事件就是行为
   B．行为是事件和动作组合
   C．行为是 Dewamweaver 8 预置的 JavaScript 程序库
   D．通过行为可以改变对象属性、打开浏览器和播放音乐

4. 下列关于 Dewamweaver 8 中事件的说法不正确的是_____。
   A．事件是由浏览器为每个页面元素定义的
   B．事件只能由系统引发，不能自己引发
   C．OnAbort 事件是当终止正在打开的页面时引发
   D．事件可以被自己引发

5. 在 Dewamweaver 8 中，打开"行为"面板的快捷键是_____。
   A．Ctrl+F2   B．Shift+F2
   C．Ctrl+F3   D．Shift+F4

二、简答题

1. 简述行为的概念及其特点。
2. 简述事件的概念。

三、操作题

自己设计并完成类似本章中的"案例实训"。

Chapter

12

制作动态页面

本章中所涉及的素材文件，可以参见配套光盘中的\\Mysite\ch12。

基础知识 ◆ 构建动态页面的基础

重点知识 ◆ 客户注册页的基本知识

◆ 客户登录页的基本知识

◆ 登录验证

提高知识 ◆ 获取客户留言

◆ 显示留言

◆ 删除留言

12.1 构建动态页面的基础

12.1.1 课堂实训1——建立 Access 数据库

对于动态网站，要准备一个用于储存客户信息的数据库。简单的网站可使用简单、易取的 Access 数据库。Access 虽不适合作为大型数据库使用，但是对"留言板"来说，Access 数据库已经足够了。使用 Access 2002 或 Access 2003 都可以，在这里以 Access 2003 设计"留言板"数据库为例。对 Access 的功能这里不做详细的说明，如果读者有兴趣，可以参阅相关的 Access 书籍。建立数据库的具体操作步骤如下：

图 12-1 建立空数据库

Step 01 启动 Access 2003，在"新建文件"任务窗格中选择"空数据库"选项，如图 12-1 所示。

Step 02 将数据库存储到网站根目录中，文件命名为 dwmx.mdb。单击"创建"按钮即可保存，如图 12-2 所示。

图 12-2 保存数据库

Step 03 在 dwmx.mdb 数据库的数据面板中，双击"使用设计器创建表"选项，如图 12-3 所示。

图 12-3 设计数据库

Step 04 进入数据表设计视图窗口，在"字段名称"中输入 tId、"数据类型"中选择"自动编号"选项。在此行上右击，并从弹出的快捷菜单中选择"主键"选项，如图 12-4 所示。

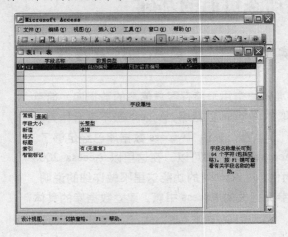

图 12-4　设置库主键

Step 05 在第二行的"字段名称"中输入 tName、数据类型选择"文本"选项。下方字段属性的区域，"字段大小"输入 20、"必填字段"选择"是"。这是存储留言者"网友姓名"的字段。

Step 06 接下来使用相同的方法，参照图 12-5 中的规范完成其他字段的创建。

字段名称	数据类型	说明	字段大小	必填字段	允许空字符串	备注
tId	自动编号	网友留言编号	/	是	否	主索引
tName	文本	网友姓名	20	是	否	/
tE-mail	文本	网友E-mail地址	50	否	是	/
tHomepage	文本	网友主页地址	100	否	是	/
tOicq	文本	网友OICQ	15	否	是	/
tSubject	文本	网友留言标题	100	是	否	/
tContent	文本	网友留言具体内容	255	是	否	/
tDate	日期/时间	网友留言时间		默认值输入Now()，索引选择是(可重复)		

图 12-5　创建字段参照表

Step 07 输入完成后的设计视图窗口如图 12-6 所示。将其保存后关闭，数据表的名称为 User。

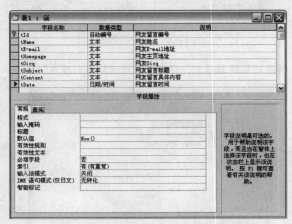

图 12-6　完成字段的创建

^{Step}
08 将 Access 关闭，数据库的部分已经制作完成。如图 12-7 所示。

图 12-7　完成数据库的设计

12.1.2　课堂实训 2——创建 Windows 2000/XP 的 DSN

数据库建立好之后，要设定系统的 DSN（数据来源名称），来确定数据库所在的位置以及数据库相关的属性。使用 DSN 的优点是：如果移动数据库档案的位置，或是使用其他类型的数据库，只要重新设定 DSN 即可，不需要去修改原来使用的程序。

这里是以 Windows XP 的环境为例来设定 DSN，如果是 Windows NT 或 2000，创建方法基本一样。具体操作步骤如下：

^{Step}
01 启动控制面板，双击"管理工具"下的"数据源（ODBC）"图标，如图 12-8 所示。

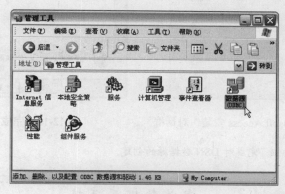

图 12-8　启动数据源

^{Step}
02 在弹出的"ODBC 数据源管理器"对话框中，选择"系统 DSN"选项卡，单击"添加"按钮，如图 12-9 所示。

^{Step}
03 在弹出的"创建新数据源"对话框中，选择数据库的驱动程序为 Microsoft Access Driver(*.mdb)，单击"完成"按钮，如图 12-10 所示。

图 12-9　添加"系统 DSN"　　　　　　　　　　　　图 12-10　选择驱动程序

Step 04 在弹出的"ODBC Microsoft Access 安装"对话框中，"数据源名"文本框中输入 dwmx，单击"数据库"栏中的"选择"按钮，选择网站根目录中的 DWMX.MDB。单击"确定"按钮，如图 12-11 所示。

Step 05 这时会发现系统数据源名称中已经多了一个 dwmx，这就是接下来要使用的数据库，如图 12-12 所示。

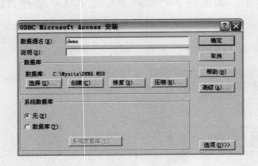

图 12-11　"ODBC Microsoft Access 安装"对话框　　　　图 12-12　完成 DSN 的创建

Step 06 单击"确定"按钮，完成对 DSN 数据源的创建。

12.1.3　课堂实训 3——定义数据库连接

本节要定义的是动态网站所要使用的数据库连接，只有定义了数据库连接，网站中的网页才能存取数据库中的数据信息。上一节已经设定好系统 DSN，所以这里只要将数据库连接指定为前面所设的系统 DSN 即可。具体操作步骤如下：

Step 01 在 Dreamweaver 8 面板组中，打开"应用程序"面板组。选择"数据库"面板，如图 12-13 所示。

Step 02 在"数据库"面板中单击 ✚ 按钮，在弹出的快捷菜单中选择"数据源名称"选项，弹出"数据源名称(DSN)"对话框。

Step 03 在"连接名称"文本框中输入 dsdwx，如图 12-14 所示。

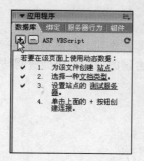

图 12-13 "数据库"面板 　　　　图 12-14 "数据源名称（DSN）"对话框

Step 04 单击对话框中的"测试"按钮来测试是否可以跟数据库正确连接。

Step 05 单击"确定"按钮，再单击"数据源名称（DSN）"对话框中的"确定"按钮，便完成数据库连接的设定。

技 巧

设定 2008 奥运会倒计时

在网页中需要显示倒计时处加入下列代码：

```
<div class="smallfont" align="center"><Script Language="JavaScript">
var enabled = 0; today = new Date();
var day; var date;
var timedate= new Date("August 8,2008");
var times="北京奥运会";
var now = new Date();
var date = timedate.getTime() - now.getTime();
var time = Math.floor(date / (1000 * 60 * 60 * 24));
if (time >= 0) ;
document.write("离 2008"+" <font color=red>"+times+"</font> 开幕还有:<font
style='color:#ff0000;line-height:32px;font-family:Verdana;font-size:12px
;'>"+time +"</font>天</br>");
if(today.getDay()==0)  day = "星期日"
if(today.getDay()==1)  day = "星期一"
if(today.getDay()==2)  day = "星期二"
if(today.getDay()==3)  day = "星期三"
if(today.getDay()==4)  day = "星期四"
if(today.getDay()==5)  day = "星期五"
if(today.getDay()==6)  day = "星期六"
date  =  "<font  color=red>"+(today.getYear())+"</font>  年 " + "<font
color=red>"+(today.getMonth()  +  1 ) + "</font> 月 " + "<font
color=red>"+today.getDate() + "</font> 日 " + " <font color=red>"+ day
+"</font>";
document.write(date);
</Script></div>
```

12.2　用户注册页面

客户注册页可以帮助网站管理者收集众多的网络客户信息。例如，对喜欢自己网站的人群进行统计，并通过对注册客户群的分析，对网站的发展做出合理的规划，以促进网站的发展。

注册页由以下板块组成：

* 存储有关用户的登录信息的数据库表。
* 让用户选择用户名和密码的 HTML 表单。
* 用于更新站点用户数据库表的"插入记录"服务器行为。
* 用于确保用户输入的用户名没有被其他用户使用的"检查新用户名"服务器行为。

注册页的逻辑图如图 12-15 所示。

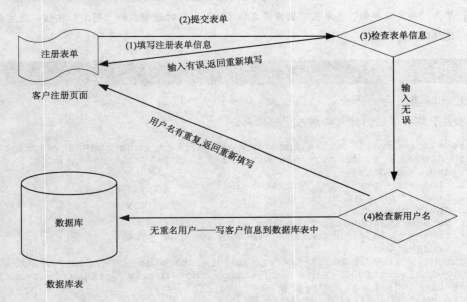

图 12-15　注册页的逻辑图

注册页首先通过用户填写注册信息提交注册表单。然后通过检查表单行为，验证表单的填写是否正确。例如，是否输入用户名或密码等重要信息。输入有误则返回客户注册页面重填注册信息；输入无误则进行"检查新用户名"服务器行为的验证。有重复用户名返回注册页重填，无重名则将客户注册信息写入数据库表，完成一个新客户注册操作。

在制作本实例前必须完成数据库标签下的数据源的制定（DSN），本实例使用数据源的连接名称为 dsdwx、数据源名称为 dwmx，具体操作可以参照相关章节。

本章其他实例的制作背景均同此，故以后不再重复。

具体操作步骤如下：

Step 01　启动 Dreamweaver 8，打开光盘中的 ch12\Register.asp 文件，如图 12-16 所示。

图 12-16 打开新客户注册页面

Step 02 检查注册表单。选择新客户注册页面中的注册表单。按 Shift+F4 组合键打开"行为"面板，在"行为"面板中单击 ➕ 按钮，从弹出的菜单中选择"检查表单"选项，弹出"检查表单"对话框，如图 12-17 所示。

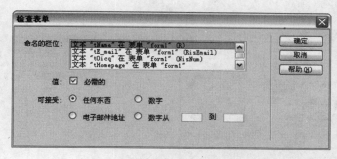

图 12-17 "检查表单"对话框

在"命名的栏位"中做如下的检查表单项设置：

- 文本"tName" 在"值"中设置为"必需的"；"可接受"选项中选中"任何东西"单选按钮。

- 文本"tE_mail" 在"值"中设置为"必需的"；"可接受"选项中选中"电子邮件地址"单选按钮。

- 文本"tOicq" 在"值"中设置为"必需的"；"可接受"选项中选中"数字"。

- 文本"tHomepage" 在"值"中设置为"必需的"；"可接受"选项中选中"任何东西"单选按钮。

- 文本"tPassword" 在"值"中设置为"必需的"；"可接受"选项中选中"任何东西"单选按钮。

Step 03 单击"确定"按钮，完成检查表单设置，并将该行为的事件设置为 onSubmit，如图 12-18 所示。

Step 04 插入客户注册信息到数据库表中。

（1）在 Dreamweaver 8 文档窗口中按 Ctrl+F9 组合键打开"服务器行为"面板，如图 12-19 所示。

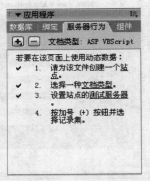

图 12-18　设置行为事件　　　　　　　　图 12-19　"服务器行为"面板

（2）在"服务器行为"面板中单击 + 按钮，从弹出的快捷菜单中选择"插入记录"选项，在弹出的"插入记录"对话框中进行如图 12-20 所示的设置。

（3）单击"确定"按钮返回，这时在"服务器行为"面板中便会出现"插入记录"行为，如图 12-21 所示。

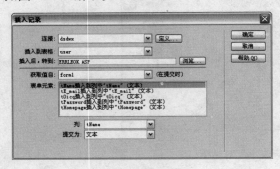

图 12-20　设置插入记录行为　　　　　　　　图 12-21　插入记录

Step 05 使用"检查新用户名"服务器行为，防止客户注册的用户名重复。在"服务器行为"面板中单击 + 按钮，从弹出的快捷菜单中依次选择"用户身份验证"│"检查新用户名"选项，在弹出的"检查新用户名"对话框中做如图 12-22 所示的设置。

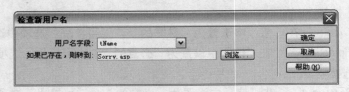

图 12-22　设置"检查新用户名"服务器行为

Step 06 单击"确定"按钮返回。

Step 07 对完成的注册页面进行保存，便完成了注册页面的制作。

12.3 用户登录页面

新用户注册后，都要根据相应的用户名和密码进入到网站的相关网页，这称为登录。用户登录页用于限制非法用户登录到特定的管理页面，为网站的安全提供了有利保证。

登录页由以下板块组成：

- 注册用户的数据库表。
- 让用户输入用户名和密码的 HTML 表单。
- 确保输入的用户名和密码有效的"登录用户"服务器行为。
- 当用户成功登录时，为该用户创建一个包含其用户名的阶段变量。

用户输入的用户名和密码提交后，首先要检验用户名是否合法和密码是否正确，之后才能进入到相关页，表示登录成功。若登录不成功，要做相应处理；登录成功后，也可以退出登录，如图 12-23 所示。

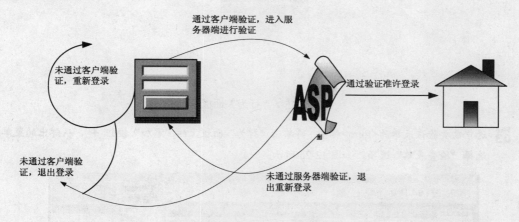

图 12-23 登录流程图

从流程图可以看出，登录信息首先在客户端检验，在客户端检验成功后，才能被提交到服务器端检验。在服务器端检验通过后，就可以转到相应页面。存放用户登录的数据库在 12.1 中已经介绍，建立让用户输入用户名和密码的 HTML 表单可以参考 ch12\LOGIN.ASP，这里就不赘述了。具体看一下登录验证。

12.3.1 客户端验证

客户端验证，就是用户把输入的信息提交给服务器之前，在登录页中检验用户是否输入了合法的用户名和密码。这种验证只需在客户端便可完成。下面添加一个"行为"来验证登录页中是否输入了用户名和密码。具体操作步骤如下：

Step
01 打开光盘中的 ch12\LOGIN.ASP 文件，如图 12-24 所示。

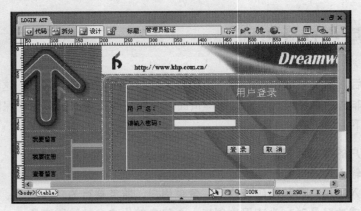

图 12-24　"用户登录"页面

Step
02 选择"窗口"｜"行为"选项，打开"行为"面板，如图 12-25 所示。

图 12-25　"行为"面板

Step
03 选中需要验证表单的<form>标签，再单击"行为"面板上的"添加"按钮 ＋，从弹出的菜单中选择"检查表单"选项，如图 12-26 所示。

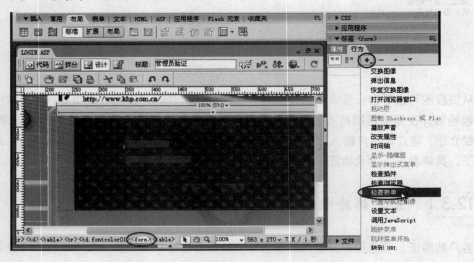

图 12-26　选择"检查表单"选项

Step
04 在"检查表单"对话框中，把"命名的栏位"列表框中与登录相关的两项设置为必需的就可以了，如图 12-27 所示。

Step 05 单击"确定"按钮返回。在"行为"面板中将触发事件设置为 onSubmit，如图 12-28 所示。

图 12-27 设置"检查表单"对话框

图 12-28 设置触发事件

Step 06 这样便完成了在客户端验证的行为设置。保存文件之后，按 F12 键进行浏览。如果用户所输入的"登录信息"不完整或不正确，系统将出现提示对话框，提示用户输入完整的登录信息，如图 12-29 所示。

图 12-29 客户端验证效果图

12.3.2 服务器端验证

服务器端验证就是在用户填写好登录信息后，单击"登录"按钮，在服务器端便会验证用户所输入的信息是否合法。通常在服务器端验证有两个跳转页面：登录成功页面和登录失败页面。实现服务器端验证的具体操作步骤如下：

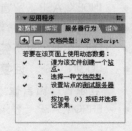

Step 01 打开光盘中需要设置服务器验证的 ch12\LOGIN2.ASP 文件。

Step 02 在文档窗口的菜单栏中依次选择"窗口"|"服务器行为"选项，打开"服务器行为"面板，如图 12-30 所示。

图 12-30 "服务器行为"面板

Step 03 单击"添加"按钮 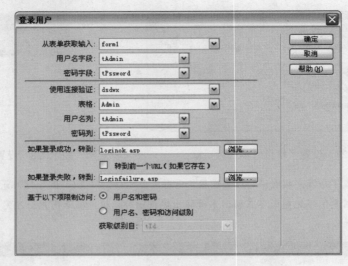，从弹出的菜单中选择"用户身份验证"|"登录用户"选项，弹出"登录用户"对话框，如图 12-31 所示。

图 12-31 "登录用户"对话框

Step 04 在"登录用户"对话框中，从"从表单获取输入"下拉列表框中选择 form1 选项；在"用户名字段"下拉列表框中选择 tAdmin；在"密码字段"下拉列表框中选择 tPssword。

Step 05 从"使用连接验证"下拉列表框中选择已建立的连接 dsdwx；在"表格"下拉列表框中选择数据库中存储用户信息的表 Admin；分别在"用户名列"和"密码列"下拉列表框中选择 tAdmin 字段和 tPssword 字段。

Step 06 在"如果登录成功，转到"文本框中输入 loginok.asp；在"如果登录失败，转到"文本框中输入 loginfailure.asp。

Step 07 单击"确定"按钮保存设置。

12.4 案例实训

在制作本实例前，需要新建几个页面，见图 12-32，用于构建留言板中各个相互跳转的页面以及对各种出错信息的处理，分别命名为：

- INDEX.ASP 留言板首页，用于显示留言等。
- NEW.ASP 发布新的留言。
- DEL.ASP 对不健康的留言进行编辑，但不同的是在这里可直接删除。
- LOGIN.ASP 回复、编辑、删除等操作都应只有站长才有权力，站长通过这个页面来登录管理留言板。
- ERROR.ASP 登录错误时所返回的页面。

在留言板数据库中需要用到两个表，如图 12-33 所示。其中表 Admin 用于存放超级用户的姓名及密码，表 dwmx 里存放发贴信息。

图 12-32　留言板页面的构成　　　　　　　　图 12-33　所需数据库

在表 Admin 里新建 3 个字段（tId、tAdmin 和 tPssword），分别为：管理员编号、管理员姓名和管理员密码，数据类型分别设为自动编号和文本，如图 12-34 所示。

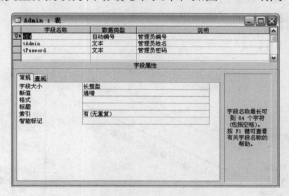

图 12-34　超级用户名及密码

表 dwmx 有些复杂。该数据库表用来存放网友在留言板中所输入的信息，如图 12-35 所示。

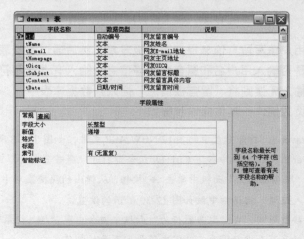

图 12-35　数据库表

对于数据库表中各项的具体设置如图 12-36 所示。

字段名称	数据类型	说明	字段大小	必填字段	允许空字符串	备注
tId	自动编号	网友留言编号	/	/	/	主索引
tName	文本	网友姓名	20	是	否	/
tE-mail	文本	网友E-mail地址	50	否	是	/
tHomepage	文本	网友主页地址	100	否	是	/
tOicq	文本	网友OICQ	15	否	是	/
tSubject	文本	网友留言标题	100	是	否	/
tContent	文本	网友留言具体内容	255	是	否	/
tDate	日期/时间	网友留言时间		默认值输入Now(),索引选择是(可重复)		

图 12-36 数据库字段详细列表

12.4.1 案例实训 1——获取客户留言

获取客户留言页（插入页）可以简单理解为将留言板的信息插入到数据库表中。获取客户留言页由以下板块组成：

- 一个允许用户输入数据的 HTML 表单（留言板）。
- 一个用于更新数据库的"插入记录"服务器行为。

插入页的逻辑图如图 12-37 所示。

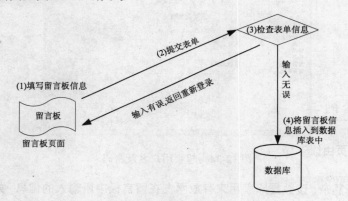

图 12-37 插入留言板记录逻辑图

插入页首先通过用户填写留言信息提交留言板表单。然后通过检查表单行为，验证表单的填写是否正确。如：是否输入用户名和留言内容等信息。输入有误或不符合要求则提示用户重新输入留言板信息；输入无误则将"留言板信息"插入到数据库表中。

要完成客户留言页的制作，具体操作步骤如下：

Step 01 启动 Dreamweaver 8，打开光盘中的 ch12\NEW.ASP 文件，如图 12-38 所示。

Step 02 在 Dreamweaver 8 文档窗口中按下 Ctrl+F9 组合键打开"服务器行为"面板。

Step 03 选中表单，在"服务器行为"面板中单击 ✚ 按钮，从弹出的快捷菜单中选择"插入记录"选项，在弹出的"插入记录"对话框中做如图 12-39 所示的设置。

Step 04 单击"确定"按钮返回，在"服务器行为"面板中便会出现"插入记录"行为，见图 12-21。

Step 05 最后对完成的插入页面进行保存，便完成了插入页面的制作。

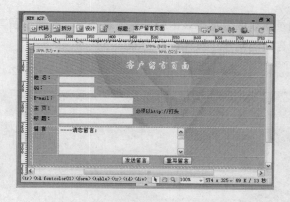

图 12-38　打开客户留言页面

图 12-39　设置插入记录行为

12.4.2　案例实训2——显示留言

显示客户留言页由以下板块组成：

- 使用 Dreamweaver 8 设计工具布置留言详细页面。
- 为页面定义一个记录集，详细页将从此记录集中提取记录的详细信息。
- 将记录集中各项绑定到该页面。

显示留言页示意图如图12-40所示。

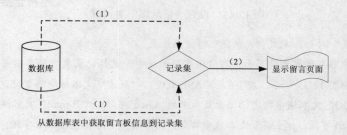

图 12-40　留言页示意图

留言页首先通过记录集获取数据库表中相关的留言信息，在显示留言页面中显示出来。
要完成显示客户留言页的制作，具体操作步骤如下：

Step 01 启动 Dreamweaver 8，打开光盘中的 ch12\INDEX.ASP 文件，如图 12-41 所示。

图 12-41　打开留言页面

Step 02 建立记录集。选中表单，打开"应用程序"面板组，在"绑定"面板中单击 ➕ 按钮，从弹出的菜单中选择"记录集（查询）"选项。

Step 03 在弹出的"记录集"对话框中做如图 12-42 所示设置。

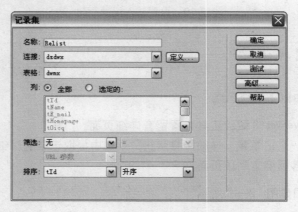

图 12-42　设置"记录集"对话框

Step 04 单击"确定"按钮，完成"记录集"对话框设置。

Step 05 将记录集中各项绑定到该页面。在"绑定"面板中，选择记录集中的各项并将其拖到页面相应的位置，如图 12-43 所示。在 INDEX.ASP 页面，"姓名"文本域中绑定"记录集"中的 tName 字段；"QQ"文本域中绑定"记录集"中的 tOicq 字段；"E-mail"文本域中绑定"记录集"中的 tE_mail 字段；"主页"文本域中绑定"记录集"中的 tHomepage 字段；"标题"文本域中绑定"记录集"中的 tSubject 字段；"留言"文本域中绑定"记录集"中的 tContent 字段。

图 12-43　绑定记录集

Step 06 设置重复区域。

（1）选中显示留言内容所在表格，如图 12-44 所示。

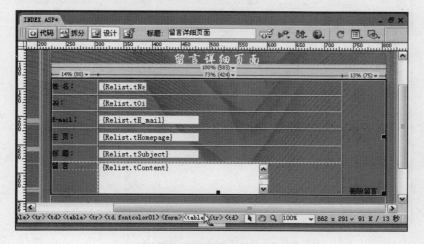

图 12-44　选中留言内容所在表格

（2）在"服务器行为"面板中单击 ➕ 按钮，从弹出的快捷菜单中选择"重复区域"选项。

（3）在弹出的"重复区域"对话框中做如图 12-45 所示的设置。

图 12-45　设置"重复区域"对话框

(4) 单击"确定"按钮,完成每页显示 3 条记录的"重复区域"设置,如图 12-46 所示。

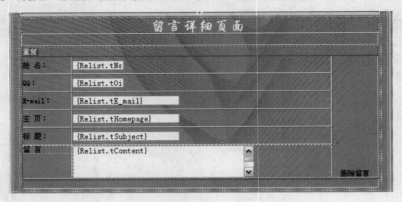

图 12-46 完成"重复区域"设置

Step
07 建立"记录集导航条"。

(1) 将光标停留在需插入"记录集导航条"的单元格内,如图 12-47 所示。

图 12-47 确定导航条位置

(2) 在菜单栏中选择"插入"|"应用程序对象"|"记录集分页"|"记录集导航条"选项,弹出"记录集导航条"对话框,并做如图 12-48 所示设置。

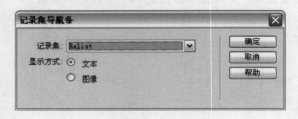

图 12-48 设置"记录集导航条"

(3) 单击"确定"按钮，完成记录集导航条设置，如图12-49所示。

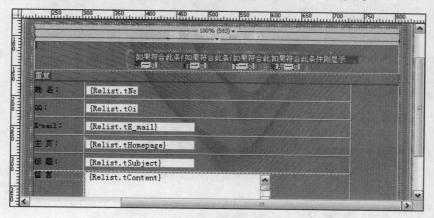

图 12-49　完成记录集导航条设置

Step 08 建立"记录集导航状态"设置。

(1) 将光标停留在需插入"记录集导航状态"的单元格内，如图12-50所示。

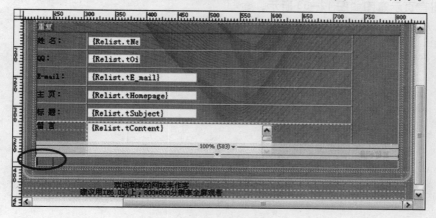

图 12-50　确定记录集导航状态位置

(2) 在菜单栏中选择"插入"|"应用程序对象"|"显示记录计数"|"记录集导航状态"选项，弹出"Recordset Navigation Status"对话框，并做如图12-51所示设置。

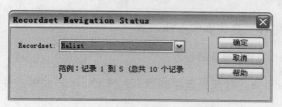

图 12-51　设置"Recordset Navigation Status"

(3) 单击"确定"按钮，完成"Recordset Navigation Status"的设置，如图12-52所示。

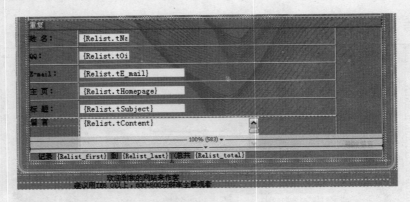

图 12-52　完成"Recordset Navigation Status"的设置

删除留言用于管理留言板。可以通过该服务器行为将不健康的留言从数据库表中删除，为留言板能够良好地运行提供保证。

删除留言页示意图如图 12-53 所示。

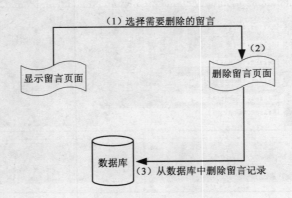

图 12-53　删除留言页示意图

删除留言首先在"显示留言页面"中选择需删除的留言记录，并以特定的记录转到"删除留言"页面。在"删除留言"页面中通过用户的管理员身份验证后，将所选择的留言记录从数据库表中删除。

完成删除留言页的制作，具体操作步骤如下：

Step 01 使用"转到详细信息页"服务器行为。

（1）启动 Dreamweaver 8，打开光盘中的 ch12\INDEX.ASP 文件，并在该页面中选择"删除留言"选项。

（2）在"服务器行为"面板中单击 ＋ 按钮，从弹出的快捷菜单中选择"转到详细页面"选项，在弹出的对话框中做如图 12-54 所示的设置。

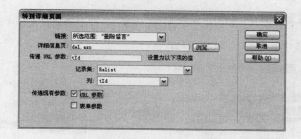

图 12-54　设置"转到详细页面"对话框

Step 02 使用"移至特定记录"服务器行为。在"服务器行为"面板中单击 按钮，从弹出的快捷菜单中选择"记录集分页"｜"移至特定记录"选项，在弹出的对话框中做如图 12-55 所示的设置。

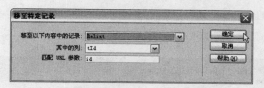

图 12-55　设置"移至特定记录"对话框

Step 03 建立记录集。在 DEL.ASP 页面中建立如图 12-56 所示的记录集。

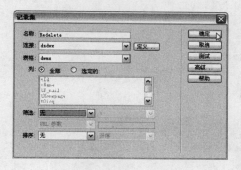

图 12-56　建立记录集

Step 04 绑定记录集到 DEL.ASP 页面，完成结果如图 12-57 所示。

图 12-57　绑定记录集

Step 05 删除记录。在"服务器行为"面板中单击 ➕ 按钮，从弹出的快捷菜单中选择"删除记录"选项，在弹出的对话框中做如图12-58所示的设置。

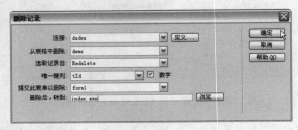

图12-58 删除记录

Step 06 单击"确定"按钮返回。

Step 07 对文档进行保存，便完成留言板的制作。

📚 **技 巧**

显示访问次数

将如下代码加入网页源文件的<head>区：

```javascript
<SCRIPT LANGUAGE="JavaScript">
<!-- Begin
function GetCookie (name) {
var arg = name + "=";
var alen = arg.length;
var clen = document.cookie.length;
var i = 0;
while (i < clen) {
var j = i + alen;
if (document.cookie.substring(i, j) == arg)
return getCookieVal (j);
i = document.cookie.indexOf(" ", i) + 1;
if (i == 0) break;
}
return null;
}
function SetCookie (name, value) {
var argv = SetCookie.arguments;
var argc = SetCookie.arguments.length;
var expires = (argc > 2) ? argv[2] : null;
var path = (argc > 3) ? argv[3] : null;
var domain = (argc > 4) ? argv[4] : null;
var secure = (argc > 5) ? argv[5] : false;
document.cookie = name + "=" + escape (value) +
((expires == null) ? "" : ("; expires=" + expires.toGMTString())) +
((path == null) ? "" : ("; path=" + path)) +
((domain == null) ? "" : ("; domain=" + domain)) +
((secure == true) ? "; secure" : "");
}
function DeleteCookie (name) {
var exp = new Date();
exp.setTime (exp.getTime() - 1);
var cval = GetCookie (name);
document.cookie = name + "=" + cval + "; expires=" + exp.toGMTString();
```

```
}
var expDays = 30;                    //设置 COOKIES 时间
var exp = new Date();
exp.setTime(exp.getTime() + (expDays*24*60*60*1000));
function amt(){
var count = GetCookie('count')
if(count == null) {
SetCookie('count','1')
return 1
}
else {
var newcount = parseInt(count) + 1;
DeleteCookie('count')
SetCookie('count',newcount,exp)
return count
}
}
function getCookieVal(offset) {
var endstr = document.cookie.indexOf (";", offset);
if (endstr == -1)
endstr = document.cookie.length;
return unescape(document.cookie.substring(offset, endstr));
}
// End -->
</SCRIPT>
```

将如下代码加入网页源文件的<body>区：

```
<script language="JavaScript">
<!-- Begin
document.write("您已经来此" + amt() + "次了！")
// End -->
</script>
```

12.5 习题

一、选择题

1. 在 Dreamweaver 8 中，几乎可以将动态内容放在 Web 页或其 HTML 源代码的任何地方，下列说法不正确的是_____。

  A．可以将动态内容放在插入点处

  B．可以用动态内容替换文本字符串

  C．可以将其插入到 HTML 属性中

  D．Dreamweaver 8 在页面的源代码中不能插入一个服务器端脚本，来指示服务器在浏览器请求该页面时，将内容源中的数据传输到页面的 HTML 源代码中

2. 在添加时不需要为相应的页面定义记录集的服务器行为有_____。

  A．转到相关页   B．插入记录

  C．更新记录   D．删除记录

3. 下列说法中不正确的是_____。

  A．表单变量属于服务器变量

B．URL 变量属于服务器变量

C．阶段变量属于服务器变量

D．应用程序变量不属于服务器变量

4．下列说法不确切的是_____。

A．客户端验证通常是对客户所填写的提交表单进行验证

B．服务器端验证通常是对客户和管理者的权限进行验证，如用户名、密码等

C．在"服务器行为"面板（"窗口"｜"服务器行为"）上，单击"添加"按钮 + 并从弹出菜单中选择"用户身份验证"｜"登录用户"选项可实现身份验证

D．在验证过程中不能同时实现对表单和用户身份的验证

二、简答题

1．简述数据库连接。

2．简述对记录集的理解。

3．简述对阶段变量的理解。

4．简述简单登录页面的一般流程。

三、操作题

1．设计一个留言板的数据库。

2．利用所设计的数据库定义数据库连接。

3．设计一个留言板。

4．参照本章节的讲解来完成一个登录页面。

5．对所完成的登录页面进行客户端的表单验证。

Chapter

13

代码片断、库项目和模板

本章中所涉及的素材文件，可以参见配套光盘中的\\Mysite\ch13。

13.1 代码片断

在网页的设计和制作过程中，经常会遇到这样的问题：非常希望将自己辛苦编写出来的一段代码、某个设计精美的表格或某个网页特效保存起来，以供在其他的页面中用到这样的特效。在本节，就来讲述如何使用 Dreamweaver 8 中的"代码片断"功能。利用"代码片断"功能不仅能方便地将代码文档转移出去，更主要的是可以在"代码片断"面板中通过简单的拖曳或单击来完成对某个网页特效的使用，为网页的设计和制作提供了极大的便捷。

13.1.1 代码片断概述

使用代码片断，可使所存储的内容快速地被重复使用。可以创建和插入 HTML、JavaScript、CFML、ASP、JSP 等代码片断。Dreamweaver 8 本身还包含一些预定义的代码片断，也可以使用这些预定义的代码片断作为起始点，通过对这些代码片断进行再编辑或修改以满足自己页面的需要。

代码片断可以环绕所选定内容，也可以作为单独的代码块存在。

13.1.2 课堂实训 1——代码片断的创建

Dreamweaver 8 附带了各种可供选择的代码片断。这些代码片断位于"代码片断"面板中，如图 13-1 所示。

在"代码片断"面板显示的代码都是 Dreamweaver 8 预定义的代码片断。可以将这些预定义的代码片断应用到网页中作为初始代码，再经过对这些代码的修改使之更为完善；也可自己创建"代码"存储到"代码片断"面板中。

图 13-1 "代码片断"面板

1. 创建代码片断文件夹

创建代码片断文件夹，即确定新建的代码在"代码片断"面板中存放的位置，可以设在预定义的代码片断文件夹内，也可以新建自己的代码片断文件夹。

新建代码片断文件夹，具体操作步骤如下：

Step 01 启动 Dreamweaver 8，在菜单栏中选择"窗口"｜"代码片断"选项，打开"代码片断"面板。

Step 02 在空白位置单击一下来选择存放新文件夹的位置，否则新文件夹将成为子文件夹。

Step 03 单击"代码片断"面板右上角的 [::] 按钮，从弹出的快捷菜单中选择"新建文件夹"选项。

Step 04 为新建的"未命名"的代码片断文件夹命名即可，如输入"我的代码片断"作为该文件夹的名

称，如图 13-2 所示。

2. 创建代码片断

利用输入代码创建代码片断，具体操作步骤如下：

Step 01 启动 Dreamweaver 8，在菜单栏中选择"窗口"|"代码片断"
选项，打开"代码片断"面板。

Step 02 右击"我的代码片断"文件夹，从弹出的菜单中选择"创建新
代码片断"选项。

Step 03 弹出"代码片断"对话框，如图 13-3 所示。

图 13-2　命名代码片断文件夹

图 13-3　"代码片断"对话框

此对话框可用于代码片断的创建与编辑。

- 在"名称"文本框中，输入代码片断的名称。

> **注 意**
>
> 代码片断名称不能包含在文件名中无效的字符，例如，斜杠（/ 或 \）、特殊字符和双引号
> （""）。

- 在"描述"编辑框中，输入对代码片断描述性的文本。描述性文本可以使其他开发小
  组成员更容易读懂和使用代码，达到创建"代码片断"目的。
- "代码片断类型"可选择"环绕选定内容"或"插入块"单选按钮。
  如果选择"环绕选定内容"单选按钮，则完成以下任意文本框：
  - ◆ 前插入　输入或粘贴在当前选定内容前插入的代码。若要设置块之间的默认空
    间，在开始文本的末尾和结尾文本的开始处按回车键。
  - ◆ 后插入　输入在选定内容后插入的代码。

  如果选择"插入块"单选按钮，则将代码输入或粘贴到"插入代码"框中。

- 在"插入代码"框中输入代码。
- 在"预览类型"中，选择"代码"或"设计"单选按钮。
  - ◆ 如果选择"设计"单选按钮，Dreamweaver 8 将在"代码片断"面板的"预览"窗格中显示效果。
  - ◆ 如果选择"代码"单选按钮，则 Dreamweaver 8 只在"预览"窗格中显示代码。

Step 04 根据步骤 3 中论述，完成如图 13-4 所示的设置。

图 13-4　手动输入创建代码片断

Step 05 单击"确定"按钮，便可完成该代码片断的创建，并在"我的代码片断"文件夹中显示出来，如图 13-5 所示。

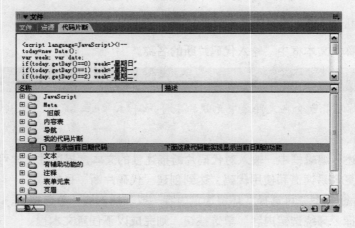

图 13-5　新建代码片断

利用网页元素创建预览类型为"代码"的代码片断，具体操作步骤如下：

Step 01 打开页面文档。

Step 02 在页面文档中选择要创建预览类型为"代码"的代码，如图 13-6 所示。

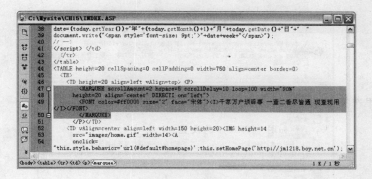

图 13-6　选择"代码片断"的代码

在选择代码时，一定要选择某种效果的全部代码，否则可能无法实现其效果。例如，要选择"滚动新闻代码"选项，就要选择<marquee>和</marquee>之间所有的代码。通常在编辑窗口中文本无法选择所有的代码，可以在代码窗口中辅助选择。

Step 03 单击"代码片断"面板右上角的 按钮，从弹出的快捷菜单中选择"新建代码片断"选项，所选择的"代码"便会插入到"代码片断"对话框中，如图 13-7 所示。

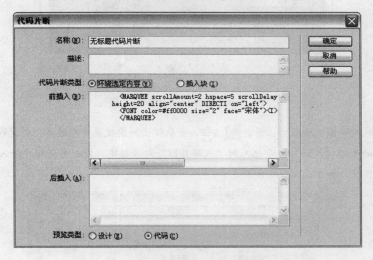

图 13-7　"代码片断"对话框

Step 04 "代码片断类型"选择"插入块"，然后输入"名称"、"描述"等信息，单击"确定"按钮，完成代码片断的创建，如图 13-8 所示。

预览类型为"设计"的代码片断，多用于某种已经完成的固定元素，如某个表格或某个特定的效果等。创建此类型的代码片断的具体操作步骤如下：

Step 01 打开参考页面文档。

Step 02 在页面文档中选择要创建"代码"的页面元素，这里选择一个嵌套表格，如图 13-9 所示。

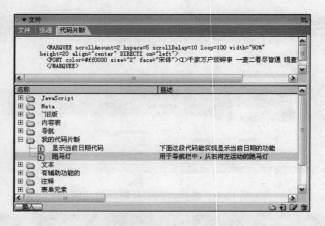

图 13-8 "代码片断"面板

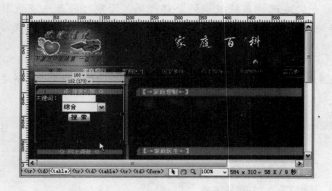

图 13-9 选择代码片断的元素

Step 03 单击 "代码片断"面板右上角的 ▤ 按钮,并从弹出的快捷菜单中选择 "新建代码片断"选项,所选择的表格 "代码"便会插入到 "代码片断"对话框中,在此对话框中输入 "名称"、"描述"等信息,如图 13-10 所示。

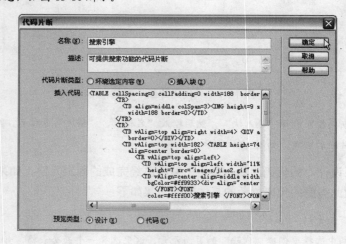

图 13-10 输入信息

Step
04 单击"确定"按钮，完成该代码片断的设计。

13.1.3 课堂实训 2——代码片断的使用

创建代码片断的目的就是为了重复使用。要在页面中使用"代码片断"，具体操作步骤如下：

Step
01 将光标停留在要插入代码片断的位置，如图 13-11 所示。

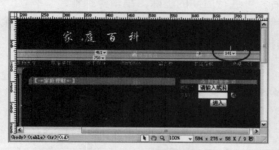

图 13-11 代码片断的位置

Step
02 打开"代码片断"面板中的"我的代码片断"文件夹，并选择具体的代码片断，如图 13-12 所示。

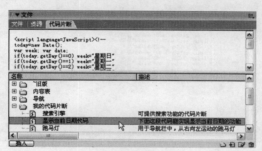

图 13-12 选择代码片断

Step
03 单击"代码片断"面板中的 插入 按钮，选择的代码片断便可插入到光标所在的页面位置中，如图 13-13 所示。

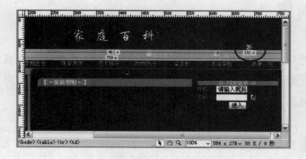

图 13-13 完成代码片断的插入

> **提 示**
>
> 选择"编辑"|"首选参数"选项，在随后对话框的左侧选择"不可见元素"分类，在右侧选中"脚本"复选框，确定之后才能在页面中看到脚本标记 ⚡。

13.1.4 课堂实训 3——代码片断的基本操作

代码片断创建完成后，可进行后期的删除、编辑等操作。

删除所创建的代码片断很简单，在"代码片断"面板中选中要删除的代码片断，单击"删除"按钮 🗑，便可将选择的代码片断删除。

编辑"代码片断"，具体操作步骤如下：

Step 01 在"代码片断"面板中选中要修改的代码片断。

Step 02 单击"代码片断"面板中的"编辑代码片断"按钮 ✏。

Step 03 在弹出的"代码片断"对话框中，可对代码片断进行编辑和修改，如图 13-14 所示。

图 13-14 "代码片断"对话框

Step 04 完成"代码片断"的修改后，单击"确定"按钮，便可完成对"代码片断"修改后的保存。

13.2 库项目

在架设网站的实践中，有时要把一些网页元素应用在数十个甚至数百个页面上。当要修改这些重复使用的页面元素时，如果逐页修改，那是相当费时费力的。使用 Dreamweaver 8 的库项目可以减轻这种重复劳动，省去许多麻烦。

13.2.1 库项目概述

Dreamweaver 8 允许把网站中需要重复使用或需要经常更新的页面元素（如图像、文本或其他对象）存入库中，存入库中的元素就称为库项目。

需要时，可以把库项目拖放到页面中。这时，Dreamweaver 8 会在文档中插入该库项目的 HTML 源代码的复制代码，并创建一个对外部库项目的引用。这样，通过修改库项目，然后选择"修改"｜"库"子菜单上的更新选项，即可实现整个网站各页面上与库项目相关内容的一次性更新，既快捷又方便。

Dreamweaver 8 将库项目存放在每个站点本地根目录的 Library 文件夹中。Dreamweaver 8 允许为每个站点定义不同的库。

13.2.2　课堂实训4——创建库项目

库可以包含 body 中的任何元素，如文本、表格、表单、图像、Java 小程序、插件和 ActiveX 元素等。Dreamweaver 8 保存的只是对被链接项目（如图像）的引用。原始文件必须保留在指定的位置，这样才能保证库项目的正确引用。

库项目不能包含时间轴或样式表，因为这些元素的代码是 head 的一部分，而不是 body 的一部分。

创建库项目时，先选取文档 body 的某一部分，然后由 Dreamweaver 8 将其转换为库项目。具体操作步骤如下：

Step 01 选取文档中要存为库项目的页面元素（如图像、文本等），在此选择"图像"为库项目元素，如图 13-15 所示。

图 13-15　选择页面中图像元素

Step 02 在文档窗口的菜单栏中选择"窗口"｜"资源"选项，打开"资源"面板，在"资源"面板中单击"库"按钮，如图 13-16 所示。

Step 03 单击"库"面板右上角的按钮，并从弹出的菜单中选择"新建库项"选项。

Step 04 此时，在页面中所选择的页面元素便被添加到"库"面板中，再输入库项目的名称即可，如图 13-17 所示。

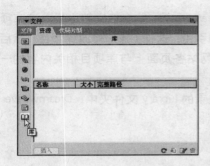

图 13-16　单击"资源"面板上的"库"按钮

图 13-17　命名库项

13.2.3　课堂实训 5——使用库项目

使用库项目的具体操作步骤如下：

Step 01　把光标置于文档窗口要插入项目的位置。

Step 02　选择"窗口"｜"资源"选项，打开"资源"面板，单击面板左侧的"库"按钮 📖，进入"库"面板。

Step 03　从"库"面板拖曳一个项目到文档窗口；或者选取一个项目，再单击面板左下角的 插入 按钮。

把库项目添加到页面时，实际内容以及对项目的引用就会被插入到文档中。此时，无需提供原项目就可正常显示。

如果要插入项目内容到文档，但又不想在文档中创建该项目的链接，按 Ctrl 键把项目拖到页面中即可。

13.2.4　课堂实训 6——库项目的基本操作

Dreamweaver 8 允许更新当前站点的所有文档中被修改过的库项目，以实现多网页的快速更新；也允许重命名库项目以切断其与文档或模板的联系；或从库中删除项目。

☕ 注　意

在编辑库项目时，"CSS 样式面板"、"时间轴"和"行为"是不可用的，因为库项目中只能包含 body 中的元素，而时间轴和 CSS 样式表代码属于 head 部分。"行为"不能使用是因为"行为"既向 head 部分也向 body 部分插入代码。

1．修改库项目

存入库中的项目是可以修改的，但修改库项目会改变库项目的原始文件。修改库项目的具体步骤如下：

Step 01 选择"窗口"｜"资源"选项，打开"资源"面板，单击"资源"面板上的"库"按钮，打开"库"面板。

Step 02 在"库"面板中选取库项目，然后单击面板底部的"编辑"图标 ；或双击库项目，Dreamweaver 8 为编辑库项目打开一个新窗口，如图 13-18 所示。

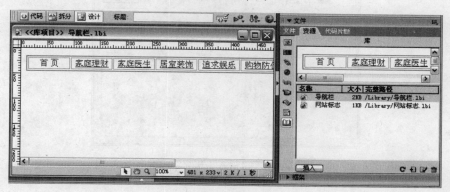

图 13-18   编辑库项目窗口

☕ 注 意

此时的窗口标题已经改为<<库项目>>，以区别于文档窗口。

Step 03 对库项目进行编辑，并对修改的结果进行保存。

Step 04 当保存所修改的库文件时，会弹出"更新库项目"对话框，在此选择是否对本地站点使用此库项目的文档进行更新，如图 13-19 所示。

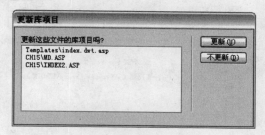

图 13-19   "更新库项目"对话框

Step 05 在此对话框中单击"更新"或"不更新"按钮。

● 单击"更新"按钮，更新所有使用了修改过库项目的文档。

● 单击"不更新"按钮，不更新文档，以后可以选择"修改"｜"库"｜"更新当前页"或"更新页面"选项进行更新（下一节会详细介绍）。

2. 更新页面

如果在修改库项目时没有选择更新，可以按以下步骤更新使用了修改过库项目的网页：

Step 01 选择"修改"｜"库"｜"更新页面"选项。

Step 02 在弹出的"更新页面"对话框中选择要更新的站点或文件，如图 13-20 所示。

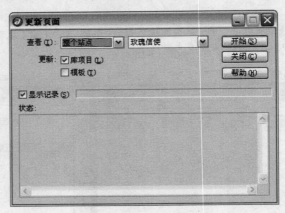

图 13-20 "更新页面"对话框

Step 03 在"查看"下拉列表框中，进行如下选择：

● 选择"整个站点"选项，更新指定站点上所有的文档。

● 选择"文件使用"选项，更新所有使用了指定库项目的文档。

Step 04 单击"开始"按钮，库项目中修改过的内容将更新到指定的文档，并列出更新报告，如图 13-21 所示。

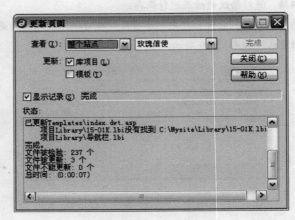

图 13-21 更新报告

Step 05 单击"关闭"按钮，结束更新操作。

3．重命名库项目

　　Dreamweaver 8 允许重命名库项目，但重命名后原来使用该项目的网页就会失去与该项目的联系，需要及时更新。重命名库项目的操作步骤如下：

Step
01 在"库"面板选取库项目。

Step
02 在库项目名内单击，使其变成可编辑状态，如图 13-22 所示。

Step
03 输入新的项目名称。

Step
04 按回车键或在项目名称外单击，弹出"更新文件"对话框，列出使用该项目的文件，询问是否要更新这些文件。

4. 将对象从库中分离（使页面上的库项目可编辑）

如果已在某页面中使用了某个库项目，但又想专门为该页面编辑那个库项目，那么就必须先切断页面上的库项目与库之间的连接。具体操作步骤如下：

图 13-22　给库项目重命名

Step
01 在当前文档中选择库项目。

Step
02 执行以下操作之一。

- 单击"属性"面板中的"从源文件中分离"按钮，如图 13-23 所示。
- 在右击弹出的快捷菜单上选择"从源文件中分离"选项。

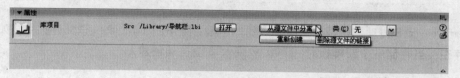

图 13-23　从源文件中分离动作

> **注 意**
>
> 一旦使某个库项目的实例（页面上的库项目）成为可编辑的，这个实例就再也不能用库项目来更新了。

13.3　模板

在架设一个网站时，使用 Dreamweaver 8 的模板功能有助于设计出风格一致的网页。通过模板来创建和更新网页，可以大大提高工作效率，使网站的维护也变得轻松。

13.3.1　模板概述

使用模板创建文档可以使网站和网页具有统一的结构和外观，如果有多个网页想要用同一风格来制作，用模板绝对是最有效，并且也是最快的方法。模板实质上就是作为创建其他文档的基础文档。在创建模板时，可以说明哪些网页元素应该长期保留，不可编辑，哪些网页元素可以编辑修改。

1．模板的优点

- 风格一致，省去了制作同一页面的麻烦。
- 如果要修改共同的页面不必一个一个修改，只要更改应用于这些页面之上的"模板"就可以了。
- 免除了以前没有此功能时还要常常"另存为"，一不小心覆盖重要档案的困扰。

2．模板和库的区别

- 模板本身是一个文件，而库则是网页中的一段 HTML 代码。Dreamweaver 8 将所有的模板文件都存放在站点根目录 Templates 子目录下，扩展名为 .dwt。
- 模板也不是一成不变的，即使是在已经使用一个模板创建文档之后，也还可以对该模板进行修改。在更新使用该模板创建的文档时，那些文档中的锁定区就会被更新，并与模板的修改相匹配。

13.3.2 课堂实训 7——创建和修改模板

Dreamweaver 8 自动把模板存储在站点的本地根目录下的 Templates 子文件夹中。如果此文件夹不存在，当存储一个新模板时，Dreamweaver 8 会自动创建。

1．把现有的文档存为模板

把现有的文档存为模板的具体步骤如下：

Step 01 选择"文件"｜"打开"选项，然后选择一个欲设置为模板的文档，单击"打开"按钮。

Step 02 在欲设置为模板的文档中选择"文件"｜"另存为模板"选项，弹出"另存为模板"对话框。

Step 03 选择一个站点，在"另存为"文本框中输入模板名，如 index，如图 13-24 所示。

图 13-24　另存为模板

Step 04 单击"保存"按钮。此时的窗口标题栏已显示与网页文档不同，标题栏中包含有"〈〈模板〉〉"字样，如图 13-25 所示。

2．修改模板

如果要对已有的模板进行修改，具体步骤如下：

Step 01 选择"窗口"｜"资源"选项，在打开的"资源"面板上单击"模板"按钮，打开"模板"面板。

^{Step}
02 在"模板"面板的模板列表中选择要修改的模板名,单击"编辑"按钮;或双击模板名。

^{Step}
03 在文档窗口编辑该模板。

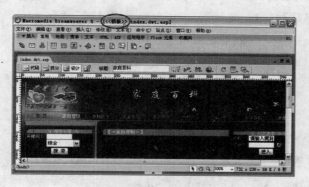

图 13-25　保存的模板页面

13.3.3　课堂实训8——定义可编辑区域

在模板创建之后,需要根据具体要求对模板中的具体内容进行编辑,指定哪些内容可以编辑,哪些内容不能编辑(锁定)。

在模板文档中,可编辑区域是页面中变化的部分,如每日导读的内容。锁定区域(不可编辑区域)是各页面中相对保持不变的部分,如导航栏和栏目标志等。

当新创建一个模板或把已有的文档存为模板时,Dreamweaver 8 默认把所有区域标记为锁定。因此,必须根据要求对模板进行编辑,把某些部分标记为可编辑的。

在编辑模板时,可以修改可编辑区域,也可以修改锁定区域。但当该模板应用于文档时,只能修改文档的可编辑区域,文档的锁定区域是不允许修改的。

1. 定义新的可编辑区域

定义新的可编辑区域的具体步骤如下:

^{Step}
01 打开模板文件,在文档中选择要定义为可编辑区域的文本(或其他内容),这里选择页眉区的标题文本,如图 13-26 所示。

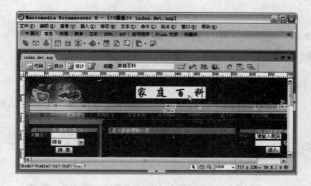

图 13-26　选择要定义为可编辑区域的文本

Step 02 右击从弹出菜单中选择"模板"｜"新建可编辑区域"选项，弹出"新建可编辑区域"对话框。

Step 03 在"新建可编辑区域"对话框中，为可编辑区域输入名称。命名一个可编辑区域时不能使用单引号（'）、双引号（"）、尖括号（<>）和&，如图 13-27 所示。

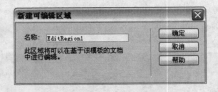

图 13-27 "新建可编辑区域"对话框

Step 04 在模板中，可编辑区域被突出显示，并显示出可编辑区域的名称，如图 13-28 所示。

图 13-28 被突出显示的可编辑区域

> **注 意**
>
> 在定义可编辑区域时，可以定义整个表格或单个单元格为可编辑区域，但不能一次定义多个单元格。层和层中的内容是彼此独立时，定义层为可编辑区域时，允许改变层的位置；定义层的内容为可编辑区域时，允许改变层的内容。

2．删除模板标记

选择"删除模板标记"选项，可以删除可编辑区域的标记，使之成为不可编辑区域（锁定区域）。具体操作步骤如下：

Step 01 在文档中，选择想要更改的可编辑区域。

Step 02 选择"修改"｜"模板"｜"删除模板标记"选项，该区域即变为锁定区域。

13.3.4 使用模板

可以根据具体需要，用模板创建新的文档，或管理现有的文档。

1. 编辑模板

模板的编辑和普通文档基本相似。如果要编辑模板，选中列表中的模板，然后单击面板中的"编辑"按钮。

2. 重命名模板

分两次单击模板名称，以便使模板名称文本可选，然后输入新名称。

在重命名模板时，模板参数不会自动更新。要更新其参数则必须将重命名的模板再次应用于文档。

3. 对新文档应用模板

选择"文件"｜"新建"选项，建立一个新的文档，从"模板"面板上拖曳一个模板到文档上，对新的文档应用选定的模板，如图13-29所示。

图 13-29 从模板面板上创建新文档

4. 对现有文档应用模板

对现有文档应用模板，首先打开文档，然后执行以下操作之一：

* 选择"修改"｜"模板"｜"套用模板到页"选项，然后从"模板"列表框中选择一个模板，再单击"选定"按钮。
* 从"模板"面板拖曳一个模板到文档窗口。
* 在"模板"面板上选择一个模板，然后单击 应用 按钮。

13.3.5 课堂实训 9——更新模板

模板创建好以后并非一成不变，可以根据实际需要，随时修改模板以满足新的设计要求。当修改一个模板时，Dreamweaver 8 会提示是否更新应用该模板的网页。当然也可以使用更新命令，手动更新当前网页或整个站点。具体操作步骤如下：

Step 01 首先修改用于创建当前文档的模板。选择"修改"|"模板"|"打开附加模板"选项,打开模板之后,就可以根据需要修改模板的内容了。如果要修改模板的页面属性,选择"修改"|"页面属性"选项,然后按照修改页面属性的方法操作。

Step 02 模板修改完毕存盘时,会弹出一个对话框,提示是否更新应用该模板的所有网页,如图 13-30 所示。

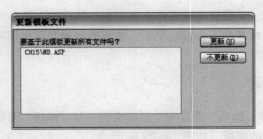

图 13-30 "更新模板文件"对话框

Step 03 单击"更新"按钮,弹出一个"更新页面"对话框,列出所更新的文件,如图 13-31 所示。

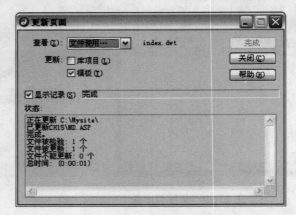

图 13-31 "更新页面"对话框

Step 04 单击"关闭"按钮,完成模板的更新。

1. 更新当前文档

模板修改完成以后,需要应用最新的模板到当前文档时,可以选择"修改"|"模板"|"更新当前页"选项。

2. 更新整个站点或某些网页

模板修改完成以后,要用最新的模板更新整个站点或应用特定模板的所有文档,具体操作步骤如下:

Step 01 选择"修改"|"模板"|"更新页面"选项,弹出"更新页面"对话框,如图 13-32 所示。

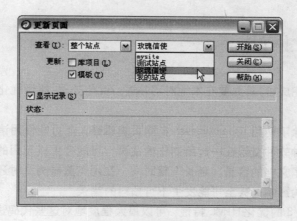

图 13-32   "更新页面"对话框

Step 02 在"查看"下拉列表框中，选择以下选项之一：

- 选择"整个站点"选项，然后在右边的下拉列表框中选择站点名。这种选择是用相应的模板更新选定站点的所有网页。
- 选择"文件使用"选项，然后在右边的下拉列表框中选择模板名。这种选择是更新当前站点中应用选定模板的所有网页。

Step 03 确保"更新"选项区中的"模板"复选框被选中。

Step 04 单击"开始"按钮，即可根据选择更新整个站点或某些网页。

13.3.6   课堂实训10——将文档从模板中分离

如果要对应用了模板的页面中的锁定区域进行修改，必须先把页面从模板中分离出来。一旦页面被分离出来，就可以像没有应用模板一样编辑页面。但当模板被更新时，页面将再也不能被更新。从模板中分离页面的具体步骤如下：

Step 01 打开要分离的页面文档。

Step 02 选择"修改"｜"模板"｜"从模板中分离"选项。

Step 03 页面被分离出来之后，所有的区域都变为可编辑区域，此时就可以像没有应用过模板一样对所有的区域进行编辑了。

技 巧

在网页源代码中查找类似如下代码：

```
<meta name="keywords" content="dreamweaver,flash,fireworks">
```

content 中的"dreamweaver,flash,fireworks"为关键字，用逗号隔开。在 Dreamweaver 8 中选择"插入"｜"HTML"｜"文件头标签"｜"关键字"选项，可以插入相应的关键字。

13.4 优化网站

当一个网站创建完成后,首先要在本地对网站进行优化处理。所谓优化,实际上就是对 HTML 源代码的一种优化。

由于制作网页时除了使用 Dreamweaver 8 网页编辑器,还可能使用诸如 FrontPage 或 Word 之类的工具,这样多种软件交织在一起所制作的主页,可能会生成无用的代码。这些类似于垃圾的代码,不仅增大了文档的容量,延长下载时间,在用浏览器浏览时还易出错,并且对浏览的速度也会产生较大的影响,甚至可能发生不可预料的错误。

利用 Dreamweaver 8 的优化 HTML 特性,可以最大程度地对这些代码进行优化,除去那些无用的垃圾、修复代码错误、提高代码质量。

13.4.1 课堂实训 11——整理 HTML

Dreamweaver 8 可以将现有文档的代码以特定的、便于阅读理解的模式排版(不改变实质代码的内容)。具体操作步骤如下:

Step 01 打开需要优化代码格式的文档。

Step 02 在菜单栏中选择"命令"|"套用源格式"选项。执行这个操作可以使源代码的格式更清晰易懂和规范化。

13.4.2 课堂实训 12——优化文档

选择 Dreamweaver 8 提供的"清理 HTML"选项,可以从文档中删除空标记、嵌套的 font 标记等,以减少代码量。

清理代码的具体操作步骤如下:

Step 01 打开一个文档。

- 文档为 HTML 格式,选择"命令"|"清理 HTML"选项。
- 文档为 XHTML 格式,选择"命令"|"清理 XHTML"选项。

Step 02 执行上步操作后,弹出"清理 HTML/XHTML"对话框,如图 13-33 所示。

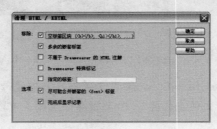

图 13-33　清理 HTML/XHTML

Step
03 在弹出的对话框中,可以从下列选项中进行选择:

- 移除空标签区块,用于删除中间没有内容的所有标签。例如,<b></b>和<font color="FF0000"></font>被认为是空标签,但<b>some text</b>中的<b>标签则不被认为是空标签。

- 移除多余的嵌套标签,用于删除所有冗余的标签。例如,在代码 <b>This is what I <b>really</b> wanted to say </b> 中,really 一词两侧的 <b> 标签为冗余标签,将被删除。

- 移除不属于 Dreamweaver 8 的 HTML 注释,用于删除所有不是由 Dreamweaver 8 插入的注释。例如,<!--begin body text--> 会被删除,但 <!--InstanceBeginEditable name="EditRegion1"--> 则不会被删除,因为此注释是对模板中可编辑区域的开头进行标记的 Dreamweaver 8 注释。

- 移除 Dreamweaver 8 特殊标记,用于删除所有 Dreamweaver 8 插入的标记,例如,模板、库等在网页中的标记。

- 移除指定的标签,用于删除在邻近文本域中指定的标签。使用此选项可删除由其他可视化编辑器插入的自定义标签以及其他不希望在站点中出现的标签(例如,blink)。须要用逗号分隔多个标签(例如,font, blink)。

- 尽可能合并嵌套的<font>标签,用于合并两个或多个控制相同范围文本的 </font> 标签。例如,<font size="7"><font color="#FF0000">big red</font></font> 将被更改为 < font size="7" color="#FF0000">big red</font>。

- 完成后显示记录,会在清理完成时立即显示一个警告框,其中包含有关对文档所做更改的详细信息。

Step
04 单击"确定"按钮,完成优化文档。

13.5 案例实训

13.5.1 案例实训1——库演练

在本案例中主要讲解库文件的使用以及如何利用库文件来新建一个页面。通过本实例的学习,应能对库的概念有个整体和全新的认识。具体操作步骤如下:

实讲实训
多媒体演示

多媒体演示参见配套光盘中的\\视频\第13章\库演练.avi。

Step
01 打开光盘中的 ch13\KWJ2.ASP 文件。

Step
02 设置页面属性。在菜单栏中选择"修改"|"页面属性"选项,弹出"页面属性"对话框。在"背景图像"栏中选择 ch13\IMAGES\BK.JPG 图像,"左边距"和"右边距"分别设置为 10;切换到"标题/编码"分类,在"标题"文本框中输入"库文件范例页面",单击"确定"按钮,完成页面属性的设置。

Step
03 复制库文件。复制光盘中的"素材及代码\库素材"文件夹下的 13-01K.LBI ~ 13-09K.LBI 库文件到站点根目录下的 Library 文件夹中。

Step 04 链接样式。在菜单栏中选择"窗口"│"CSS 样式"选项,打开"CSS 样式"面板;单击该面板右下角的"附加样式表" 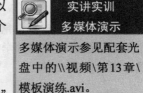按钮,弹出"链接外部样式表"对话框,单击"浏览"按钮,选择 ch13\IMAGES\CSS.CSS 样式文件,单击"确定"按钮,为该文档链接上样式。

Step 05 使用库文件。在菜单栏中选择"窗口"│"资源"选项,在打开的"资源"面板中,单击左列的"库"按钮,打开"库"面板窗口,选择该窗口中的 13-01K.LBI 库文件,单击"库"面板窗口左下角的 插入 按钮,完成对一个库文件的使用。

Step 06 重复步骤 5 的操作,在文档窗口中分别插入 13-02K.LBI ~ 13-09K.LBI 库文件(13-01K.LBI ~ 13-09K.LBI 库文件在文档中的排列顺序是从上到下的顺序)。

Step 07 保存文件。在菜单栏中选择"文件"│"另存为"选项,将新建的文件保存为 KWJ2.ASP。

Step 08 预览文件。按 F12 键可预览新建文件的效果,如图 13-34 所示。

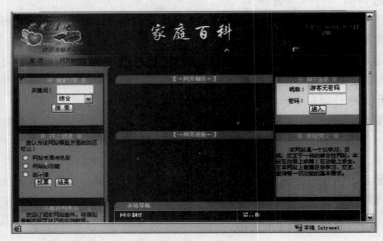

图 13-34　库文件效果图

13.5.2　案例实训 2——模板演练

在本案例中主要讲解如何创建一个模板、定义模板的可编辑区域以及如何利用模板来新建页面。通过本实例的学习,能对模板的概念有个整体的认识。具体操作步骤如下:

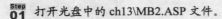
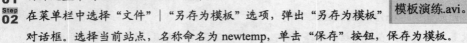

实讲实训
多媒体演示

多媒体演示参见配套光盘中的\\视频\第13章\模板演练.avi。

Step 01 打开光盘中的 ch13\MB2.ASP 文件。

Step 02 在菜单栏中选择"文件"│"另存为模板"选项,弹出"另存为模板"对话框。选择当前站点,名称命名为 newtemp,单击"保存"按钮,保存为模板。

Step 03 右击 Your Name 文本,在弹出的快捷菜单中选择"模板"│"新建可编辑区域"选项,弹出"新建可编辑区域"对话框。在名称栏中输入 EditRegion1 作为可编辑区域的名称,单击"确定"按钮完成可编辑区域的新建。

Step 04 重复步骤 3 的操作,完成其他可编辑区域的新建,关闭文档,结果如图 13-35 所示。

图 13-35 完成可编辑区域的新建

Step 05 在菜单栏中选择"文件"｜"新建"选项，弹出"新建文档"对话框并选择"模板"标签，选择当前站点下的 newtemp 模板页面，单击"创建"按钮，完成利用模板新建页面的操作。

Step 06 在新创建的页面中，通过修改页面中可编辑区域内的文本，达到新建页面的目的，如图 13-36 所示。

图 13-36 编辑模板页面

Step 07 保存页面。在菜单栏中选择"文件"｜"保存"选项，将新建页面保存到 ch13 目录下，名称为 page2.asp。

技 巧

设置彩色的滚动条

在网页源文件的<head>部分加入下列代码：

```
<style type="text/css">
<!--
BODY{
SCROLLBAR-FACE-COLOR: #333333;
SCROLLBAR-HIGHLIGHT-COLOR: #666666;
SCROLLBAR-SHADOW-COLOR: #666666;
SCROLLBAR-3DLIGHT-COLOR: #666666;
SCROLLBAR-ARROW-COLOR: #666666;
SCROLLBAR-TRACK-COLOR: #666666;
SCROLLBAR-DARKSHADOW-COLOR: #666666;
}
-->
</style>
```

可根据需要修改上面的颜色值。

13.6 习题

一、选择题

1. 下列说法错误的是_____。

   A．Dreamweaver 8 允许把网站中需要重复使用或需要经常更新的页面元素（如图像、文本或其他对象）存入库中，存入库中的元素称为库项目

   B．库项目可以包含行为，但是在库项目中编辑行为有一些特殊的要求

   C．库项目也可以包含时间轴或样式表

   D．模板实质上就是作为创建其他文档的基础文档

2. 模板文件的扩展名为_____。

   A．lbi   B．html

   C．bmp   D．dwt

3. 下面关于模板的说法不正确的一项是_____。

   A．模板可以用来统一网站页面的风格

   B．模板是一段 HTML 源代码

   C．模板可以由用户自己创建

   D．Dreamweaver 8 模板是一种特殊类型的文档，此模板可以一次更新多个页面

4. 下列关于库的说法中不正确的一项是_____。

   A．库是一种用来存储想要在整个网站上经常被重复使用或更新的页面元素

   B．库实际上是一段 HTML 源代码

   C．在 Dreamweaver 8 中，只有文字、数字可以作为库项目，而图片、脚本不可以作为库项目

D．库可以是 E—mail 地址、一个表格或版权信息等

二、简答题

1．简述库项目的概念及其特点。
2．简述模板和库的区别。

三、操作题

1．创建一个库项目，并对库项目进行应用。
2．创建一个模板页面并将该模板进行应用。
3．修改上面的库项目和模板，并更新整个网站。

Chapter

14

网页的制作

　　本章中所涉及的素材文件，可以参见配套光盘中的\\Mysite\ch14。

重点知识 ◆　个人主页制作的一般流程

◆　代码片断在网页制作中的使用方法

提高知识 ◆　网页特效的制作方法

通过前面的学习，读者一定对制作网页有了初步认识，本章就给出一个完整主页的制作实例来系统学习如何制作主页，包括如何设计和制作合理规范的网页，如何直接引用或编辑别人的成功设计。通过本章的学习，能够顺利地掌握网页设计的常规方法和技能，逐渐成为网页设计高手。

图 14-1 为本章要制作的主页的效果图。

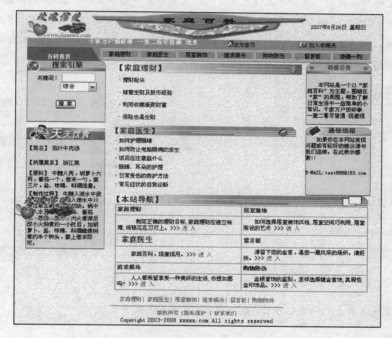

图 14-1 实例效果图

14.1 网页制作的准备工作

主页制作的准备工作，要定义站点和设计网站结构的目录，还要将网页设计制作中需要用到的所有图像素材整理好，最好是放在站点根目录下的一个文件夹中，如 Images 文件夹。这样便于设计制作时的选取和使用，也不宜造成素材的混乱。

提示

ch14\IMAGES 文件夹中存放的是网页设计所需要的素材。为了方便学习，需要复制随书光盘中的 ch14\IMAGES 文件夹到本地根目录中。

14.2 设置页面属性及文档样式

在设计网页前，还要定义页面的属性以及文档的样式。

14.2.1 设置页面属性

设置页面属性的具体操作步骤如下：

Step 01 在"文件"面板中，选择并双击已经定义的首页面文件 ch14\INDEX.ASP，如图 14-2 所示。

Step 02 在打开 INDEX.ASP 文件的文档窗口中，选择"修改"│"页面属性"选项，弹出"页面属性"对话框，如图 14-3 所示。设置"背景图像"为 IMAGES/BJ.GIF。在"标题/编码"分类中设置网页标题为"家庭百科"。

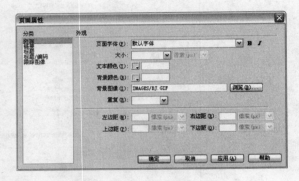

图 14-2　打开 INDEX.ASP 文件　　　　　　图 14-3　　"页面属性"对话框

Step 03 设置完成后单击"确定"按钮，返回到 INDEX.ASP 文档窗口中。

14.2.2 定义 CSS 样式文件

1. 定义 body 样式

定义 body 样式的具体步骤如下：

Step 01 在 INDEX.ASP 文档窗口中，选择"窗口"│"CSS 样式"选项，打开"CSS 样式"面板。再单击 按钮，然后选择"新建"选项，弹出"新建 CSS 规则"对话框。

Step 02 选择器类型选择为"标签（重新定义特定标签的外观）"，在"标签"文本框中选择或输入 body，"定义在"选择"（新建样式表文件）"，如图 14-4 所示。

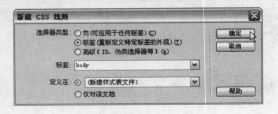

图 14-4　"新建 CSS 规则"对话框

Step 03 单击"确定"按钮，在弹出的"保存样式表文件为"对话框中，选择样式文件保存的路径并输入样式文件名，如图 14-5 所示。

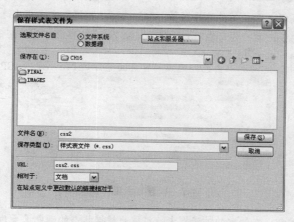

图 14-5 "保存样式表文件为"对话框

Step 04 单击"保存"按钮，在弹出的规则定义对话框中选择"类型"分类，在"字体"下拉列表框中选择"宋体"；在"大小"下拉列表中选择 9，后面的单位下拉列表框中选择"点数（pt）"度量单位，如图 14-6 所示。

图 14-6 "body 的 CSS 规则定义"对话框

Step 05 单击"确定"按钮，便完成对 body 标签的定义。

2．定义 td 样式

定义 td 样式的方法和定义 body 样式一样，在"新建 CSS 规则"对话框中将类型选择为"标签（重新定义特定标签的外观）"；在"标签"文本框中选择或输入 td。在规则定义对话框中将"字体"设置为宋体，"大小"设置为 9。

3．定义文档的链接颜色

定义文档的链接颜色的步骤如下：

Step 01 选择"窗口"｜"CSS 样式"选项，打开"CSS 样式"面板。

Step 02 单击"CSS 样式"面板中的"新建 CSS 规则"按钮 🖭，弹出"新建 CSS 规则"对话框。选择器类型选择"高级（ID、伪类选择器等）"；在"选择器"文本框中选择或输入 a:active（指向超链接时的状态）；在"定义在"框中选择 css2.css，这样便可和前面定义的样式存放在一起，供别的文档使用，如图 14-7 所示。

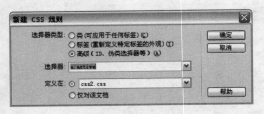

图 14-7 新建 a:active 样式

Step 03 单击"确定"按钮，在弹出的对话框中，将该超链接状态的颜色设置为#334DCC。

Step 04 单击"确定"按钮，便完成了超链接状态的颜色设定。再次弹出"新建 CSS 规则"对话框，在"选择器"框中选择或输入 a:hover（鼠标指针经过超链接时的状态），如图 14-8 所示。

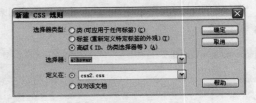

图 14-8 新建 a:hover 样式

Step 05 单击"确定"按钮，在出现的对话框中，将该鼠标指针经过超链接状态的颜色设置为#FF0000。

Step 06 单击"确定"按钮返回。如果需要，可以在"新建 CSS 规则"对话框中定义其他的样式。

Step 07 按照相同的方法，完成下列链接状态颜色的设置。

- a：link　超链接的正常状态，没有任何动作的时候；颜色设置为＃CC6633。

- a：visited　访问过的超链接状态；颜色设置为＃334DCC。

完成这些标签样式的定义，基本能满足一般网页的需要了。由于将这些标签保存为样式文件，所以可供多个文档共同使用。

14.3 制作一个完整的个人主页

完成页面设置后，可进入网页的具体制作阶段。经过页面属性设置，INDEX.ASP 页面应呈现出如图 14-9 所示的初始状态。

在本页面的制作过程中用到了表格、嵌套表格，多处用到对表格中单元格的合并、拆分等技巧性设置。布局页面每个区域所采用的表格，上下是孤立的，而左右保持了一定的嵌套关系。这样做的好处是：上下孤立有助于提高网页的下载速度；左右使用嵌套表格有助于对网页元素的定位和特殊页面效果的设计。

图 14-9　空的首页面文档

14.3.1　制作页眉区

页眉区制作完成后的效果图如图 14—10 所示。

图 14-10　页眉区

从图中可以看出，该页眉区可以用一个 1×3（1 行 3 列）的表格来制作，在第 1 列单元格中插入该网站的标志，在第 2 列单元格中插入该网站的广告，在第 3 列单元格中插入显示当前日期的程序代码。页眉区制作的步骤如下：

Step 01 将光标停留在 INDEX.ASP 文档窗口中。选择"插入"｜"表格"选项，弹出"表格"对话框。

Step 02 设置插入一个 1 行 3 列、宽度为 750 像素的表格，其余设置为 0，单击"确定"按钮，如图 14-11 所示。

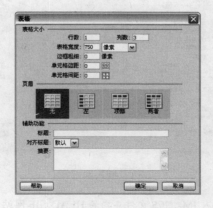

图 14-11　"表格"对话框

Step 03　选中刚插入的表格（可用前面讲解的方法），选择"窗口"│"属性"选项，打开"属性"面板，在"属性"面板中将表格的高度设置为 60 像素，表格对齐方式设置为居中对齐，如图 14-12 所示。

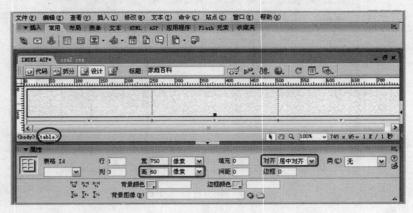

图 14-12　设置表格

💡 提 示

要选中表格可以在表格的边线上单击，也可在文档窗口左下角标签选择器中的 **⟨table⟩** 表格标记上单击。

Step 04　设置单元格。将第 1 列单元格的宽度设置为 139 像素；第 2 列单元格的宽度设置为 468 像素；第 3 列单元格的宽度设置为 143 像素。单元格的对齐方式设置为水平居中对齐。

Step 05　插入网站标志。将光标停在第 1 列单元格中，选择"插入"│"图像"选项，在"选择图像源文件"对话框中，选择 IMAGES 文件夹内的 Logo.gif 标志图像，单击"确定"按钮插入网站标志，如图 14-13 所示。

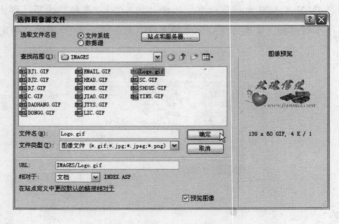

图 14-13　插入网站标志

Step 06　在第 2 列单元格中，插入 IMAGES 文件夹内的 HEAD.GIF 网站广告图像，如图 14-14 所示。

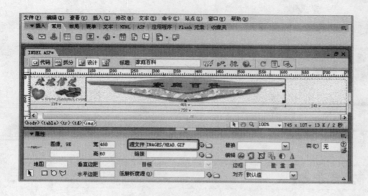

图 14-14　插入网站广告图像

Step 07 完成"显示当前日期"。该部分的制作使用"代码片断"来完成。"代码片断"的创建在前面章节已经讲过，这里使用已经创建好的"代码片断"。具体操作如下：

（1）在"属性"面板中将第 3 列单元格的对齐方式设置为水平居中对齐、垂直居中，并将光标停留在第 3 列单元格内，如图 14-15 所示。

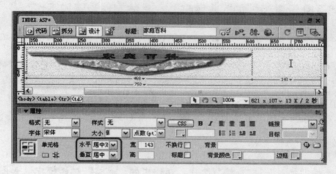

图 14-15　确定要插入"代码片断"的位置

（2）在文档窗口中选择"窗口"｜"代码片断"选项，打开"我的代码片段"文件夹。

（3）选择"我的代码片段"文件夹中的"显示当前日期代码"代码片断，单击该面板下的 **插入** 按钮，完成"代码片断"的插入，如图 14-16 所示。

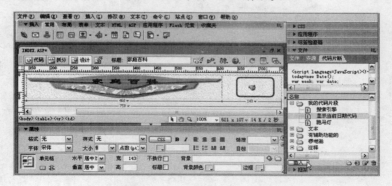

图 14-16　插入代码片断

Step 08 完成页眉区的制作后,预览(按 F12 键)可看到此页眉区的实际显示效果,如图 14-17 所示。

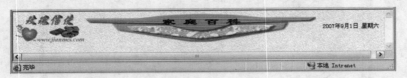

图 14-17 预览效果图

14.3.2 制作导航区

导航区的制作比较简单。导航区从整体上可分为上下两部分,分别用表格来完成。为了便于讲解,暂且称其为上部导航和下部导航。

1. 上部导航的制作

上部导航由 1×3 的表格构成。其中,第 1 列单元格用于设置"跑马灯"效果;第 2 列设置为"设为首页";第 3 列设置为"加入收藏夹"。具体制作步骤如下:

Step 01 选中页眉区的表格,按下键盘中的右方向键,使光标置于页眉区表格的右边。

> **提示**
>
> 这样做的用意在于使两个表格上下之间不产生间隔,防止<P>...</P>段落的出现。将光标(插入点)置于表格的左边,将在其表格的左边或上边插入一个无间隔的表格;反之将在表格的右边或下边插入一个无间隔的表格。

Step 02 在菜单栏中选择"插入"│"表格"选项,在弹出的"表格"对话框中做如图 14-18 所示的设置。

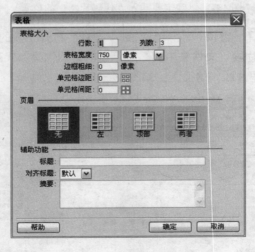

图 14-18 插入 1×3 表格

Step 03 将所插入表格的第 1~3 列单元格的宽度依次设置为 450 像素、150 像素、150 像素;各单元格的高度设置为 20 像素；单元格的对齐方式设置为水平左对齐、垂直居中；单元格的间距和单元格的填充设置为 0。表格对齐方式为居中对齐，表格的背景颜色为#FF9966。

Step 04 在第 1 列单元格中插入"跑马灯"滚动的文本代码。具体操作步骤如下：

（1）打开"代码片断"面板。选择"我的代码片段"文件夹下的"跑马灯"代码片断，如图 14-19 所示。

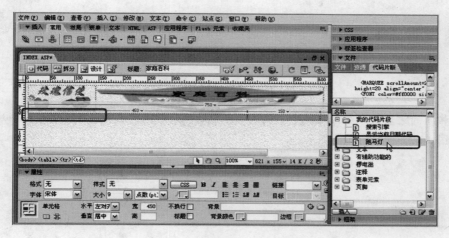

图 14-19 "代码片断"面板

（2）单击"代码片断"面板左下角的 插入 按钮，完成"跑马灯"代码片断的插入。

Step 05 在第 2、3 列单元格中依次插入 IMAGES 文件夹下的 HOME.GIF 和 SC.GIF（首页面和收藏夹）图像。

Step 06 重复步骤 4 插入代码片断的操作。在第 2 列单元格"首页面"图像右边插入"设为首页"代码片断；第 3 列单元格"收藏夹"图像右边插入"加入收藏夹"代码片断。完成后预览效果如图 14-20 所示。

图 14-20 完成上部导航栏的制作

注 意

在具体的使用过程中，需将"设为首页"代码片断中的网址修改为自己网站的网址。具体方法是：在"代码片断"面板中选择"设为首页"代码片断，单击"编辑"按钮，弹出"代码片断"对话框，并修改其中的网址，如图 14-21 所示。

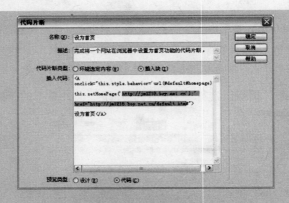

图 14-21　编辑"设为首页"代码片断

按照相同的方法将"加入收藏夹"代码片断中的网址和网站名称修改为自己的网址和网站名称，如图 14-22 所示。

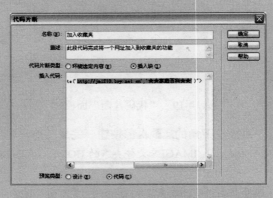

图 14-22　编辑"加入收藏夹"代码片断

2．下部导航的制作

下部导航由 1×3 表格构成，但在第 3 列单元格中还包括一个嵌套表格。具体操作步骤如下：

Step 01 选中上部导航区表格，按键盘中右方向键，使光标置于表格的右边。

Step 02 选择"插入"│"表格"选项，插入 1×3 的表格，表格的宽度设置为 750 像素，其余设置均为 0。表格要居中对齐。

Step 03 将表格的高设置为 30 像素。1～3 列单元格的宽度依次设置为：150 像素、19 像素、581 像素。第 1 列单元格的对齐方式设置为水平居中、垂直底部，并将该单元格的背景颜色设置为#EA7609，最后输入"百科首页"文本，文本的颜色设置为白色。在第 2 列单元格中插入 IMAGES 文件夹下的 JIAO.GIF 图像。在第 3 列单元格中插入 1×7 表格，并做如图 14-23 所示的设置。

Step 04 设置嵌套表格。选中插入的嵌套表格，在"属性"面板中将表格的对齐方式设置为居中对齐，高度设置为 22 像素，背景颜色为#FF9966，边框颜色设置为#FFFFFF。

Step 05 设置嵌套表格中的单元格。选中所有单元格，打开"属性"面板，将各单元格的高设置为 18 像素；宽度设置为 80 像素，对齐方式设置为水平居中对齐、垂直底部。

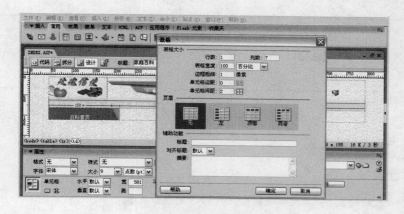

图 14-23　插入嵌套表格

^{Step}06　输入嵌套表格中的各单元格对应导航文本："家庭理财"、"家庭医生"、"居室装饰"、"追求娱乐"、"购物防伪"、"留言板"、"浪漫一刻",并将文本的颜色设置为黑色。完成的效果预览如图 14-24 所示。

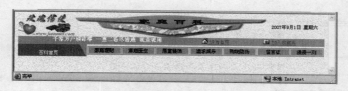

图 14-24　完成导航区的效果图

14.3.3　制作主内容一区

主内容一区从左到右共包含 3 部分,分别是"搜索引擎"、"家庭理财"、"动感公告"。该区最外层是一个 1 行 4 列的表格,通过在第 1、3 和 4 列单元格内嵌套表格完成。如图 14-25 所示。

图 14-25　主内容一区

首先插入一个 1×4 表格,具体操作步骤如下:

^{Step}01　选中下部导航栏表格,并按键盘中的右方向键,使光标置于该表格的右边。

^{Step}02　插入 1×4 表格,表格的宽度设置为 750 像素,其余各项设置为 0。将表格的对齐方式设置为居中对齐,并将第 1、2、3、4 列单元格的宽度分别设置为 172、18、418 和 142,单位均为像素。各个单元格的高度设置为 130 像素。完成设置后的效果如图 14-26 所示。

图 14-26 设置后的效果图

1. 制作"搜索引擎"区

具体操作步骤如下：

Step 01 在 1×4 表格的第 1 列单元格中插入一个 4×1 的嵌套表格。

Step 02 设置嵌套表格。将嵌套表格的宽度为 172 像素，高度均设置为 130 像素。

Step 03 设置单元格。在嵌套表格的第 1 行单元格内插入 IMAGES\SHOUS.GIF 图像；将第 2、4 行单元格的背景颜色设置为#FF6633，高度设置为 1 像素，并在该单元格内插入 IMAGES\C.GIF 图像；最后将第 3 行单元格的背景图像设置为 IMAGES\BJ1.GIF 图像，高度为 103 像素。如图 14-27 所示。

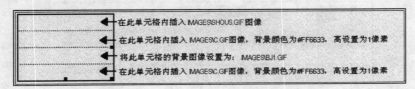

图 14-27 设置单元格

提 示

在这里运用为单元格插入 1 像素的透明图像，将解决单元格的高度或宽度不能设置过小的问题。

Step 04 完成该表格设置的效果如图 14-28 所示。

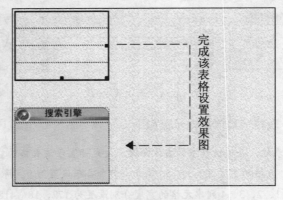

图 14-28 搜索引擎边框效果图

提示

如果感到单元格的宽度或高度过小，不好选择单元格，可利用先将光标停留在一个单元格内，然后利用键盘中方向键的移动来将插入点移到宽度或高度较小的单元格内。也可先插入图像，再设置单元格的宽度或高度。

Step 05 插入搜索引擎表单。在这里使用复制"新浪"免费提供的搜索引擎的方法，具体操作如下：

将光标停留在嵌套表格的第 3 行单元格中，对齐方式设置为水平居中、垂直顶端，单击文档窗口左上角的 拆分 按钮，使源代码窗口在同一个文档窗口中显示，在源代码窗口中找到光标的位置，输入或粘贴下列程序代码。该段代码存放在光盘的"素材及代码"文件夹的"搜索引擎.txt"文档中。

```
<form name="form1" method="get"
action="http://search.sina.com.cn/cgi-bin/search/search.cgi">
  关键词：
  <input type="text" name="_searchkey" size="10" maxlength="12">
  <br>
  <font color="#ffffff">
  <select name=_ss size="1">
  <option value=sina checked>综合</option>
  <option value=href>网站</option>
  <option value=avcn>网页</option>
  <option value=newstitle>新闻标题</option>
  <option value=newsft>新闻全文</option>
  <option value=dict>汉英辞典</option>
  <option value=stock>沪深行情</option>
  <option value=down>软件</option>
  <option value=game>游戏</option>
  </select>
  <br>
  </font>
  <input type="submit" name="enter" value="搜 索">
</form>
```

 提示

其中代码的获得可参考前面章节。如果该搜索引擎不能使用，可以检查该表单的命名是否准确，以及表单的处理程序是否为：http://search.sina.com.cn/ cgi-bin/search/search.cgi

如果在插入代码后，表单元素不能对齐，可按"Shift+空格键"组合键切换到全角状态（指的是全拼输入法或者智能 ABC 输入法），用空格来辅助定位。

2. 制作"家庭理财"区

完成"家庭理财"内容的制作，具体操作步骤如下：

Step 01 在该区的第 3 列单元格内插入一个 5×1 的表格。表格中各行单元格的高度均设置为 28 像素，表格的宽度设置为 98%，并将该表格的填充设置为 4，表格的对齐方式设置为居中对齐。

Step 02 选中所有单元格，将各单元格的对齐方式设置为水平左对齐、垂直居中，并在第 1 行单元格插入 IMAGES\LIC.GIF 图像，其他行单元格中输入对应的文本，如图 14-29 所示。

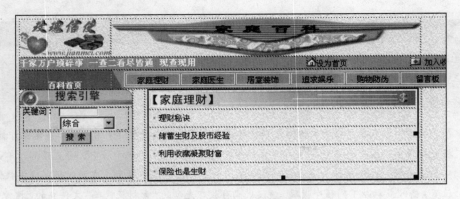

图 14-29 "家庭理财"效果图

3．制作"动感公告"区

"动感公告"区的制作可以使用与"搜索引擎"表格相同的方法完成，其中第 3 行单元格的背景图像修改为 IMAGES\BJ2．GIF 图像，表格的宽度设置为 142 像素。然后插入"本站简介"代码片断即可，具体操作如下：

Step 01 将主内容一区表格的第 4 列单元格对齐方式设置为水平左对齐、垂直顶端，并将光标停留在此单元格内。

Step 02 选择"窗口"｜"代码片断"选项，打开"代码片断"面板。

Step 03 选择"我的代码片段"文件夹中的"本站简介"代码片断，单击该面板左下角的 插入 按钮，完成"代码片断"的插入，如图 14-30 所示。

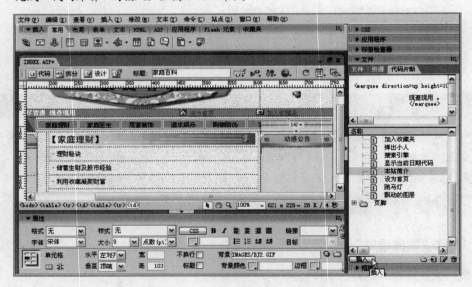

图 14-30 插入"本站简介"代码片断

Step 04 完成主内容一区的制作，预览（按 F12 键）可看到实际显示效果，如图 14-31 所示。

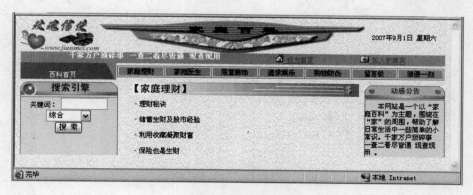

图 14-31　预览效果图

14.3.4　制作主内容二区

主内容二区从左到右共包含 4 部分，分别是"天天饮食"、"家庭医生"、"通信信箱"和"本站导航"。该区最外层是一个 2 行 4 列的表格，然后在第 1、3 和 4 列单元格内嵌套表格完成，如图 14-32 所示。

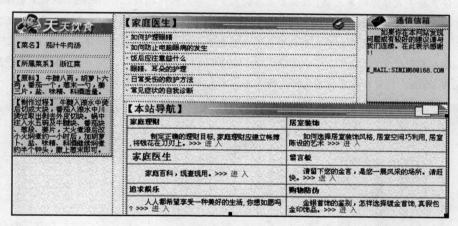

图 14-32　主内容二区

首先插入一个 2×4 的表格，具体操作步骤如下：

Step 01 选中"主内容一区"的表格，并按键盘中的右方向键，使光标置于该表格的右边。

Step 02 插入 2×4 的表格，表格的宽度设置为 750 像素，其余各项设置为 0。将表格的对齐方式设置为居中对齐，并将第 1、2、3、4 列单元格的宽度分别设置为 173、18、418 和 143，单位均为像素。然后对第 1 列的第 1 行与第 2 行、第 2 行的第 3 列与第 4 列分别进行合并。完成设置后的效果如图 14-33 所示。

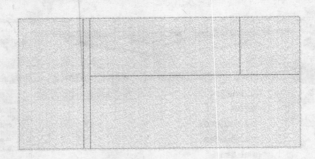

图 14-33　主内容二区表格设置效果图

1. "天天饮食"区的制作

"天天饮食"区的制作步骤如下:

Step 01 将主内容二区表格的第 1 列单元格的对齐方式设置为水平左对齐、垂直顶端,并将光标停留在此单元格内。

Step 02 在该单元格中插入一个 4×1 的嵌套表格。

Step 03 设置嵌套表格。将嵌套表格的宽度设置为 172 像素,高度均设置为 140 像素。

Step 04 设置嵌套表格中的单元格。在嵌套表格的第 1 行单元格内插入 IMAGES\YINS.GIF 图像;将第 2、4 行单元格的背景颜色设置为#FF6633,并在该单元格内插入 IMAGES\C.GIF 图像,高度设置为 1 像素。最后将第 3 行单元格的背景图像设置为 IMAGES\BJ1.GIF 图像。

Step 05 插入天天饮食内容。在"天天饮食"表格的第 3 行单元格内插入一个 4×1 表格,表格的宽设置为 100%,然后在对应的单元格内输入相应的文本。完成的效果如图 14-34 所示。

图 14-34　"天天饮食"效果图

2. "家庭医生"区的制作

"家庭医生"区的制作步骤如下:

Step 01 在主内容二区的第 1 行的 3 列单元格中插入一个 7×1 表格。其中表格的宽度设置为 100%,高度设置为 150 像素。

Step 02 设置单元格。将各个单元格的对齐方式设置为:水平左对齐、垂直居中。

Step 03 在第 1 行单元格中插入 IMAGES\JTYS.GIF 图像,并在各单元格中输入相应的文本。完成的效果如图 14-35 所示。

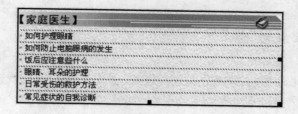

图 14-35 "家庭医生"区效果图

3. "通信信箱"区的制作

在主内容二区表格的第 1 行的第 4 列中创建"通信信箱"区，该区的制作比较简单，可以使用与"动感广告"相同的方法。唯一的区别是在第 1 行单元格中插入 IMAGES\EMAIL.GIF 图像，并输入相应"通信信箱"的文本。

4. "本站导航"区的制作

"本站导航"区的制作步骤如下：

Step 01 将光标停留在主内容二区表格的第 2 行第 3 列单元中，插入 IMAGES\DAOHANG.GIF 图像，然后再插入一个 6×2 表格，表格的宽度设置为 100%，边框粗线设置为 1。

Step 02 将 1、3、5、6 行单元格的高度设置为 20 像素，2、4 行单元格的高度设置为 30 像素，宽度均为 50%。完成后结果如图 14-36 所示。

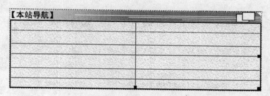

图 14-36 "本站导航"设置结果

Step 03 在对应的单元格内输入相应的文本。完成主内容二区的预览效果如图 14-37 所示。

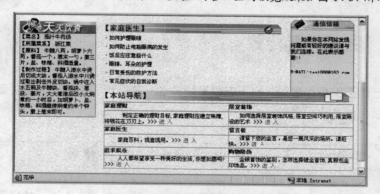

图 14-37 主内容二区效果图

14.3.5 制作版权区

版权区的制作相比起各个主内容区要简单得多，可用一个 3×1 的表格完成。具体操作步骤如下：

Step 01 将光标停留在主内容二区的右边，插入一个 3×1 表格，表格的宽度设置为 750 像素，其余各项设置为 0。

Step 02 设置表格和单元格。表格对齐方式设置为水平居中对齐；其中第 1、2、3 行单元格的高度依次设置为 30 像素、20 像素、30 像素。各单元格的对齐方式设置为水平居中对齐、垂直居中。

Step 03 插入水平线。将光标停留在第 2 行单元格中，在文档窗口的菜单栏中选择"插入"│HTML│"水平线"选项，插入水平线。

Step 04 设置水平线。选中水平线，在"属性"面板中设置所插入的水平线，其中高设置为 1、宽设置为 50%，对齐方式设置为居中对齐，如图 14-38 所示。

图 14-38　设置水平线的属性

Step 05 在表格的对应单元格中输入版权区对应的内容，完成的效果如图 14-39 所示。

图 14-39　"版权区"效果图

Step 06 到此完成了页面制作全过程，对所有操作进行保存。

14.4　添加网页特效

为了使自己的页面更丰富些，也可在网页中添加一些网页特效，以丰富页面，帮助提高网站的访问量，吸引更多的"眼球"。

14.4.1　课堂实训 1——弹出"小人"网页特效

如果留意，会发现在有些网站中，打开页面时会出现一个"小人"，并出现一些具有广告性质的语句，如"欢迎访问某某网站"、"这是某某网站"、"有什么问题到论坛上发表"等，有的还附带有声音。本节就来介绍如何实现弹出"小人"网页特效，制作完成后的效果如图 14-40

所示。

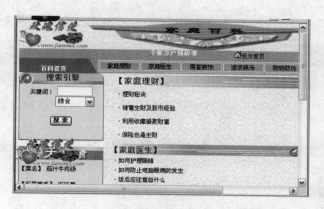

图 14-40　弹出"小人"效果图

为了能够更快地接受和使用这一技巧，在这里就只讲解如何复制和修改这些代码。具体的操作步骤如下：

Step 01 打开具有这种效果的页面，将其页面保存到本地，或直接查看并保存其效果功能源代码：

```
<object     classid=CLSID:D45FD31B-5C6E-11D1-9EC1-00C04FD7081F     id=ricci>
</object>
<script class="fsttd1">
var MerlinID;var MerlinACS;
ricci.Connected = true;MerlinLoaded = LoadLocalAgent(MerlinID, MerlinACS);
Merlin = ricci.Characters.Character(MerlinID);
Merlin.Show();Merlin.Play("Surprised");
Merlin.Speak("欢迎来到http://jm1218.boy.net.cn");
Merlin.Play("GestureLeft");Merlin.Think("这里是《家庭百科》！");
Merlin.Play("Pleased");Merlin.Think("有什么问题请到论坛发言");
Merlin.Play("GestureDown");Merlin.Speak("谢谢大家光临与支持！");
Merlin.Hide();
function LoadLocalAgent(CharID, CharACS)
{LoadReq = ricci.Characters.Load(CharID, CharACS);
return(true);}
</script>
```

Step 02 将计划制作"弹出小人"特效的页面切换到源代码编辑窗口。可在文档窗口中单击 代码 按钮，打开代码编辑窗口。

Step 03 在代码编辑窗口中的<body>和</body>之间，插入上面这段功能代码。

提示

其实插入代码到网页中<body>和</body>之间的任何位置都是可以的，但是在插入的时候要考虑到网页元素的完整性，不要在一个元素代码之间插入这段功能代码。一般插入在网页元素的最前面。

Step 04 通过预览插入代码的页面可以观察到"弹出小人"的效果。网站中所出现的文本正是下列这段功能代码中的文本：

Merlin.Speak("欢迎来到http://jm1218.boy.net.cn");

```
Merlin.Play("GestureLeft");Merlin.Think("这里是《家庭百科》！");
Merlin.Play("Pleased");Merlin.Think("有什么问题请到论坛发言");
Merlin.Play("GestureDown");Merlin.Speak("谢谢大家光临与支持！");
```

提 示

如果将这些代码中的文本替换为自己所需要的文本（带底纹的文字为可编辑文字）。那么在运行的时候，"小人"将会为自己的网站"说话"，达到宣传和渲染自己网站的目的。

14.4.2 课堂制作2——实现网页中飘动的图层特效

在网上，经常看到网页中有飘动的图层，如果能将这种效果运用到自己的网页中，一定能为自己的网站添色不少。效果如图14-41所示。

图14-41 页面中的飘动图层特效

注 意

在本节的讲解过程中不讲解如何获得特效代码，主要讲解如何使用。其代码可以自己编写，也可在互联网中寻求免费的功能代码。

实现飘动的图层特效，具体操作步骤如下：

Step 01 打开页面。

Step 02 打开"代码片断"面板，选择"我的代码片段"文件夹下的"飘动的图层"代码片断。

Step 03 将使用特效的页面切换到代码编辑窗口状态，并在<body>和</body>之间插入"飘动的图层"代码片断。

Step 04 查看所插入的"飘动的图层"功能代码。在代码中查找关于图像的链接。具体的方法可选择"查找"选项，搜索img，如图14-42所示。

Step 05 将该图像的链接制定为自己需要图像的链接即可。这里指定的是存放在 images 文件夹下的 Logo.gif 图像。可将图像链接替换为自己的图像。注意，如果使用的是绝对的图像路径，不需要用引号引起来，如 src=http://jm1218.boy.net.cn/images/Logo.gif 即可。

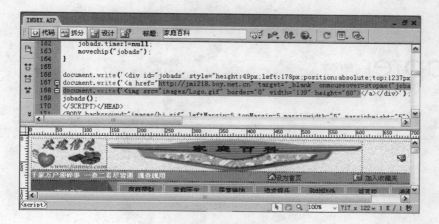

图 14-42　查找图像链接

 技 巧

1. 设置水平线的颜色

（1）在水平线属性框中单击右上角的铅笔小图片，打开水平线源代码。

（2）把源代码改为<hr color="#FF0000" >

2. 使水平线的 size 更细

（1）只需在水平线属性框中单击右上角的铅笔小图片，打开水平线源代码。

（2）把源代码改为<hr color="#FF0000"　size="0.2" >

3. 背景音乐

在页面程序的主体中加入如下代码：

```
<EMBED SRC="音乐文件.mid" autostart=true HIDDEN=TRUE LOOP=TRUE>
<BGSOUND SRC="音乐文件.mid" LOOP=INFINITE>
</EMBED>
```

这是一个二合一的写法，让这段语法在 IE 及 Netscape 下都能适用，所以有两处都要填入音乐文件。

14.5　习题

操作题

按照本章综合实例制作一个类似的个人主页。

Chapter

15

网站的测试与上传

　　本章中所涉及的素材文件，可以参见配套光盘中的\\Mysite\ch15。

基础知识　◆　优化网站的方法

　　　　　　◆　网站本地测试的意义及做法

重点知识　◆　搜索文件

　　　　　　◆　优化文档

提高知识　◆　上传网站

15.1 本地测试

网站制作完成后，在没有上传前，还要进行一项比较重要的工作，就是在本地对自己的网站进行测试，以免上传后出现这样或那样的错误，给修改带来不必要的麻烦。本地测试包括不同分辨率的测试、不同浏览器的测试、不同操作系统的测试和链接测试等。

15.1.1 不同浏览器的测试

不同浏览器的测试，就是在不同的浏览器和不同的版本下，测试页面的运行和显示情况。这项测试在 Dreamweaver 8 中显得更为简单，Dreamweaver 8 能将测试出来的错误或可能出现错误的地方列出一个报告单，然后根据该报告单的提示进行修改和处理，解决有可能出现的问题，以免在浏览页面时出现错误，给别人留下不好的印象。具体的测试和修改操作步骤如下：

Step 01 打开需要测试的网页。在菜单栏中选择"文件"│"检查页"│"检查目标浏览器"选项。

Step 02 系统开始对当前的页面进行检查，会在"结果"面板组的"目标浏览器检查"面板中列出一个报告单，如图 15-1 所示。

图 15-1 详细报告单

该报告单中列出了错误项和有可能出现的错误项，并在该报告单的下面列出了出现错误的具体位置和原因。

Step 03 可以根据报告单中的提示，对该页面中的文档进行修改，直到没有错误为止。

按照相同的方法选择不同版本的浏览器对其余的页面进行测试，并对出现的问题进行解决。

15.1.2 不同操作系统/分辨率的测试

不同操作系统的测试和不同分辨率的测试基本相同，就是在不同操作系统/分辨率的计算机中运行自己的网页，查看所出现的问题，并进行解决。

15.1.3 链接测试

在 Dreamweaver 8 中可以使用"检查链接"或"检查整个站点的链接"功能，来检查一个文档或整个站点中的链接，看是否有孤立的链接或错误的链接等。要检查链接，具体操作步骤如下：

Step 01 在菜单栏中选择"窗口"｜"结果"选项，打开"结果"面板组，单击其中的"链接检查器"面板。

Step 02 单击该窗口左上角的 ▶ 按钮，选择要检查的范围，如图 15-2 所示。

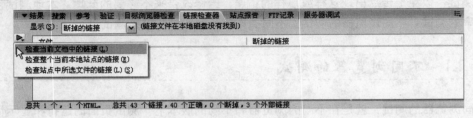

图 15-2 选择检查范围

Step 03 如果选择"检查当前文档中的链接"选项，则弹出显示当前文档中链接检查的报告单，如图 15-3 所示。

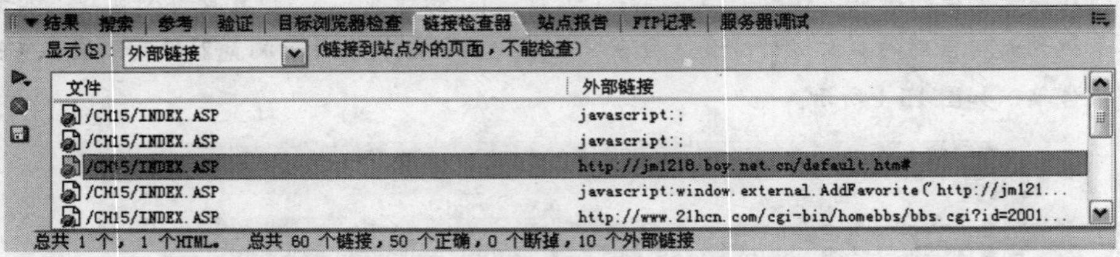

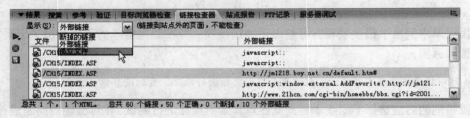

图 15-3 显示链接检查的报告单

Step 04 在"显示"下拉列表中，用户可以选择要检查的链接方式，如图 15-4 所示。

图 15-4 选择链接方式

- 选择"断掉的链接"选项，则显示文档中是否存在断掉的链接。单击窗口栏中的文件名，使之处于可编辑状态，输入正确的链接地址即可修复此链接错误。
- 选择"外部链接"选项，则显示文档中的外部链接。
- 选择"孤立文件"选项，则检查站点中是否存在孤立文件，即没有被任何链接所引用的文件。该选项只在检查整个站点链接的操作中才有效。

一般的链接检查主要是检查"孤立文件"和"断掉的链接"。

孤立文件只在检查整个站点时才能被查出。一般情况下，孤立文件是没用的文件（首页以及库和模板文件除外），最好被删除，方法是：在孤立文件列表中选中想删除的孤立文件，按 Delete 键即可。

提 示

> CSS 样式文件和 JavaScript 用到的文件，都被视为孤立文件，不要轻易删除。

如果要修改一个外部链接，可先在"链接检查器"面板中选中该外部链接，再输入一个新的链接即可。在"链接检查器"面板中，双击要修改的"外部链接"所对应的文件名，则该链接便在"属性"面板中显示出来，在此也可对链接做修改。

15.2 站内搜索的使用

15.2.1 搜索文件

使用"站内搜索"可以对当前文档、所选文件、目录或整个站点搜索文本、由特定标签环绕的文本或 HTML 标签及属性。也可以使用不同的命令搜索文件，以及搜索文件中的文本或 HTML 标签。这可在"查找和替换"对话框中进行。具体操作步骤如下：

Step 01 可以用下列方法之一弹出"查找和替换"对话框。

- 在"设计"视图中，选择"编辑"|"查找和替换"选项。
- 在"代码"视图中右击，从弹出菜单中选择"查找和替换"选项。

Step 02 在"查找和替换"对话框中，使用"查找范围"选项指定要搜索的文件范围，如图 15-5 所示。

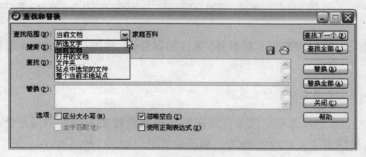

图 15-5 "查找范围"选项

- "当前文档"将搜索范围限制在活动文档。只有当"文档"窗口处于活动状态下选择"查找和替换"选项，或者从"代码"视图的右键菜单中选择"查找和替换"选项时，该选项才可用。
- "整个当前本地站点"将搜索范围扩展到当前站点中的所有 HTML 文档、库文件和文本文档。选择"整个当前本地站点"选项后，当前站点的名称出现在弹出菜单的右侧。如果这不是须要搜索的站点，可以从"文件"面板的当前站点弹出菜单中选择一个不同的站点。

- "站点中选定的文件"将搜索范围限制在"文件"面板中当前选定的文件和文件夹。只有在"文件"面板处于活动状态（即位于"文档"窗口的前面）时选择"查找和替换"选项，该选项才可用。

- "文件夹"将搜索范围限制在特定的文件组中。选择"文件夹"选项后，单击文件夹图标可浏览并选择要搜索的目录。

Step 03 使用"搜索"选项指定要执行的搜索类型，如图 15-6 所示。

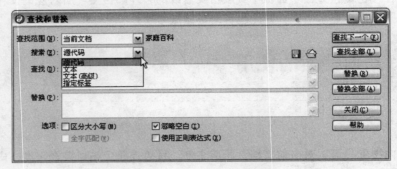

图 15-6　"搜索"选项

- "源代码"可以搜索在 HTML 源代码中特定的文本字符串。

- "文本"可以搜索在"文档"窗口中特定的文本字符串。文本搜索忽略任何中断字符串的 HTML 代码。例如，对 the black dog 的搜索与 the <i>black</i> dog 匹配。

- "文本（高级）"可以搜索在标签内或者不在标签内的特定文本字符串。例如，在包含以下 HTML 的文档中，搜索不在 i 内的 tries，将只找到该单词的第二个实例"John <i>tries</i> to get his work done on time，but he doesn't always succeed.He tries very hard."。

- "指定标签"可以搜索特定的标签、属性和属性值。例如，所有 valign 设置为 top 的<td>标签。

Step 04 使用下列选项扩展或限制搜索范围。

- "区分大小写"复选框将搜索范围限制在与要查找文本的大小写完全匹配的文本。例如，如果搜索 the brown derby，则不会找到 The Brown Derby。

- "忽略空白"复选框在被选中后将所有空白视为单个空格以便进行匹配。例如，选中该复选框后，this text 与 this　　text 匹配，但不与 thistext 匹配。如果选中了"使用正则表达式"复选框，则该复选框不可用；必须显示编写正则表达式以忽略空白。注意：<p>和
标签不算作空白。

- "使用正则表达式"复选框使搜索字符串中的特定字符和短字符串（如 ?、*、\w 和 \b）被解释为正则表达式运算符。例如，对 the b\w*\b dog 的查找与 the black dog 和 the barking dog 都匹配。

> **提 示**
>
> 如果在"代码"视图中工作并对文档进行了更改，然后试图查找和替换源代码以外的任何内容，这时会出现一个对话框，通知用户 Dreamweaver 8 正在同步两个视图，然后再进行搜索。

15.2.2 优化文档

使用"站内搜索"也可以对一个文档或一个站点中的所有文档进行优化处理。下面将以一个实例的形式完成对当前文档中无用代码的清除。具体操作步骤如下：

说明：由于本页面文档不是完全由一个页面编辑器软件所完成的，在该文档中存在有多余的<TBODY>和</TBODY>标签，下面的操作就是将其标签清除。

Step 01 在菜单栏中选择"编辑"│"查找和替换"选项，弹出"查找和替换"对话框。

Step 02 "查找范围"选择为"当前文档"；"搜索"选择为"源代码"，在"查找"文本框中输入<TBODY>；"替换"文本框保持空白，如图 15-7 所示。

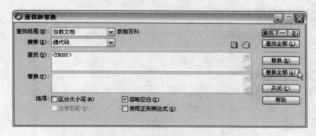

图 15-7 "查找和替换"对话框

Step 03 单击"替换全部"按钮，便可将文档中的所有<TBODY>标签清除掉。

Step 04 按照相同的方法将"查找"文本框中的源代码填写为</TBODY>标签，然后执行"替换全部"操作，即可将<TBODY>和</TBODY>标签清除掉。

15.3 上传网站

当网页的制作、测试完成后，接着将其送到远端的服务器或网站上，Dreamwaver 8 本身就有 FTP 的上传、下载功能，可以很方便地进行网站管理。下面来完成网页的发布。

15.3.1 设置服务器信息

设置服务器信息的具体步骤如下：

Step 01 按 F8 键进入"文件"面板组，在"文件"面板的"站点"下拉列表框中选择"管理站点"选项，如图 15-8 所示。

Step
02 在站点列表中选择做好的 "玫瑰信使" 网站，单击 "编辑" 按钮，如图 15-9 所示。

图 15-8　管理站点　　　　　　　　　　图 15-9　选择并编辑站点

Step
03 在弹出的对话框中，选择 "高级" 选项卡中 "分类" 栏下的 "远程信息" 选项，右侧列出了有关远程信息的一些信息。在 "访问" 下拉列表框中选择 FTP 模式。在 "FTP 主机" 文本框中输入上传站点文件的 FTP 主机名，这里输入 www.boy.net.cn。接下来在 "登录" 和 "密码" 文本框中输入用户名和密码。输入的密码会自动保存，如果不选中 "保存" 复选框，则每次与远程服务器相连的时候都会提示输入密码。为了安全起见，一般选中 "使用防火墙" 复选框，表示使用防火墙，如图 15-10 所示。

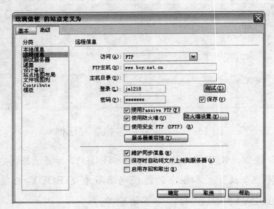

图 15-10　填写远程信息的相关内容

 注 意

上面的信息通常是域名和主页空间申请成功后，由提供服务的一方所提供。通常会得到类似图 15-11 所示的信息。

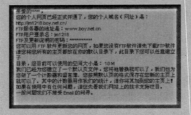

图 15-11　服务器信息

Step 04 单击"确定"按钮，设置完毕。

15.3.2 上传网页

上传网页的具体操作步骤如下：

Step 01 单击"文件"面板中的  按钮，如图 15-12 所示，切换到站点管理窗口。

Step 02 在站点管理窗口中，单击工具栏上的"连接到远端主机"按钮，连接远程服务器。当 Dreamweaver 8 成功连入服务器后，按钮会自动变为"闭合"状态，并且在一旁亮起一个小绿灯。左侧窗格中显示为"远程站点"信息，列出了远程网站接收到的目录，右侧窗格显示为"本地信息"，是本地目录。

图 15-12　切换窗口

Step 03 在本地目录中选择要上传的文件，因为是第一次上传，可按 Ctrl+A 组合键将文件全部选中，再单击工具栏上的
按钮，开始上传网页。上传后的文件会在左侧窗格中显示出来。当此 HTML 文件上传成功后，状态条中将显示所上传的文件，说明 Dreamweaver 8 正在上传这个 HTML 文件所调用的其他本地文件。

如果是专线上网，就会体会到使用 Dreamweaver 8 上传网页的好处。当特定的网页有所改动后，切换到站点管理窗口，马上就可以进行主页的更新。

注　意

如果想停止当前任务，可以按 Esc 键，或是单击右下角的红色"×"状标志。

15.4　案例实训——检查浏览器

本案例所展示的是检查浏览器，并根据用户不同的浏览器，向用户传送不同类型的页面。在网站中非常实用，可方便用户浏览网页。注意本案例中共有 3 个页面，一个是初始页面，另外两个页面是用来显示不同浏览器的页面。具体操作步骤如下：

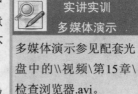

实讲实训
多媒体演示

多媒体演示参见配套光盘中的\\视频\第15章\检查浏览器.avi。

Step 01 用 Dreamweaver 8 打开 ch15\15.asp。之后添加行为，在案例的初始画面中，选中"单击此处"按钮。

Step 02 在菜单栏中选择"窗口"｜"行为"选项，打开"行为"面板。

Step 03 在打开的"行为"面板中单击 按钮，然后在弹出的行为菜单中选择"检查浏览器"选项，弹出"检查浏览器"对话框。

Step 04 在"检查浏览器"对话框中，可根据不同的浏览器登录到不同的页面。如果是 Netscape Navigator

4.0 及以后版本的用户，转到 URL 处的页面；使用 Internet Explorer 4.0 及以后版本的用户，去往"替代 URL"页面。在这里分别将其页面设置为 ch15\images 文件夹下的 NN.asp 和 IE.asp 页面。最后单击"确定"按钮即可确定操作。如图 15-13 所示。

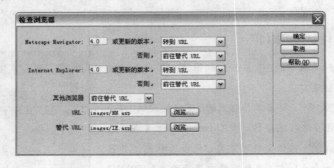

图 15-13 "检查浏览器"对话框

Step 05 更改行为的触发事件。单击"行为"面板中的 ⌄ 按钮，在弹出的菜单中，将行为事件设置为 onClick，然后关闭"行为"面板。

Step 06 最后将文档进行保存。

技 巧

（1）在复制时放弃原来的排版方式

选定文字后，按 Ctrl+Shift+C 组合键复制，可放弃原来排版的方式。同样地，如果想保持原有的排版方式，粘贴时使用 Ctrl+Shift+V 组合键即可。

（2）制作一个闪灵片头

是否曾经进入一个网站，一个网页出现几秒钟以后又跳到另外一个页面？这是怎样实现的？答案就是由<META>标签的 HTTP-EQUIV 属性决定。

HTTP-EQUIV 指定浏览器做一个动作，例如，在网页上加入一个日期，也可以用该属性让浏览器呼叫另外一个网页。首先，在<META>标签中加入 HTTP-EQUIV 属性，并给它一个"Refresh"值，用来设置该页面要重新载入；然后，加上 CONTENT 属性，并给它一个数值"5"，告诉浏览器每 5s 载入网页一次。假如在这里就停住的话，网页只能够每 5s 更新一次；但若在 CONTENT 属性中加入一个分号和"URL="值，就可以让浏览器弹出不同的网页，在<HEAD>标签中使用如下代码：

```
<META HTTP-EQUIV="Refresh" CONTENT="5;URL=mainpage.html">
```

就能制作出一个闪灵片头的效果。

15.5 习题

一、选择题

1. 下列说法不正确的是_____。

A．利用 Dreamweaver 8 的优化 HTML 特性，可以最大程度上对这些代码进行优化，除去那些无用的垃圾、修复代码错误、提高代码质量

B．使用 Dreamweaver 8 提供的"清理 HTML"命令，可以从文档中删除空标记、嵌套的<font>标记等，以减少代码量

C．使用"站内搜索"可以对当前文档、所选文件、目录或整个站点进行文本搜索，但不能对特定标签环绕的文本或 HTML 标签和属性进行搜索

D．在 Dreamweaver 8 中可以使用"检查链接"或"检查整个站点的链接"这一功能，来检查一个文档或整个站点中的链接，看是否有孤立的链接或错误的链接等

2．下列说法正确的是_____。

A．当网页上传到因特网服务器上后，再次测试链接、下载速度等问题时，有可能与在本地所测试的结果有一定的出入

B．所有的因特网服务器均区分文件名大小写

C．Dreamweaver 8 只有 FTP 的上传功能没有下载功能

D．在不同的浏览器和不同的版本下，无法测试出页面的运行和显示情况

二、简答题

1．简述优化网站的方法。

2．简述上传测试的原因。

三、操作题

1．在 Dreamweaver 8 中对 16 章的案例实例进行 HTML 标记整理和文档优化。

2．在 Dreamweaver 8 中对 16 章的案例实例进行浏览器的测试、不同操作系统的测试以及链接测试。

Chapter 16

使用 Fireworks 8 处理网页图像

本章中所涉及的素材文件，可以参见配套光
盘中的\\Mysite\ch16。

基础知识 ▶ ◆ Fireworks 8 的工作环境

◆ 创建图像

重点知识 ▶ ◆ 优化图像

◆ 输出文件

◆ 制作网页动画

16.1 Fireworks 8 的工作环境

在成功地安装 Fireworks 8 之后，执行"开始"｜"程序"｜Macromedia ｜Macromedia Fireworks 8 命令，便可启动 Fireworks 8 软件，如图 16-1 所示。

多媒体演示参见配套光盘中的\\视频\第16章\启动Fireworks 8.avi。

图 16-1 Fireworks 8 工作区

- 屏幕正中是文档窗口，文档窗口中间是画布，创建的 Fireworks 8 文档和任何图形都显示在这里。
- 屏幕顶部是菜单栏，从菜单栏中可以访问大多数 Fireworks 8 命令。

多媒体演示参见配套光盘中的\\视频\第16章\认识界面.avi。

- 屏幕左侧是工具箱，如果工具箱不可见，可选择"窗口"｜"工具"选项。在工具箱中，可以找到用于选择、创建和编辑各种图形项目以及 Web 对象的工具。
- 屏幕底部是"属性"面板，如果"属性"面板不可见，可以选择"窗口"｜"属性"选项。"属性"面板显示所选对象或工具的属性，可以更改这些属性。如果未选择任何对象或工具，则"属性"面板将显示文档属性。"属性"面板显示的属性分两行或 4 行。如果"属性"面板处于半高状态，就只显示两行，这时单击右下角的展开箭头可以看到所有属性。
- 屏幕的右侧是各种面板组，如"层"面板组和"优化"面板组。从"窗口"菜单中可以打开这些面板以及其他面板。

将指针移到各种界面元素上。如果指针在界面项目上停留足够长的时间，则会显示工具提示。工具提示标识整个 Fireworks 8 工作环境中的工具、菜单、按钮和其他界面功能。如果将指针从所指向的界面元素上移走，工具提示就会消失。

16.2　Fireworks 8 的工作流程

Fireworks 8 可以完成矢量图像和位图图像的创建；在文件中添加网页特效，例如，图像翻转，弹出菜单；对图像进行优化处理；使用批处理自动生成图像等工作。当图像制作完成时，如果希望在网页中直接应用，可以输出 Fireworks 8 生成的 HTML 文件。如果还需要对图像使用其他工具再处理，也可以单独输出图像文件，作为 Photoshop 和 Illustrator 等图像处理软件的素材文件使用。下面分别介绍 Fireworks 8 的工作流程。

16.2.1　创建图像

Fireworks 8 可以在矢量图模式和位图模式下进行图像编辑。在矢量模式下，绘制和编辑的是路径（线段和曲线）；在位图模式下，编辑的是像素点。

选择工具箱上的相应工具，在画布上创建新的矢量图对象或位图图形。在每一个编辑模式下，都有自己对应的一套工具。有些工具仅仅适用于一种模式，有些则是通用的。某些两种模式通用的工具有时候操作上会略有不同。

16.2.2　创建网页对象

网页对象是在页面交互中使用到的一些基本的操作区域。切片工具可以把一幅完整的图像切割成不同的切片对象，并能在这些切片对象上添加动作或 URL 链接。切片同时又允许在输出时对不同的切片进行不同的属性设置，例如，输出不同的文件格式。热区工具是另一个网页对象创建工具，该工具可以方便地在一幅图像的整体或部分定义 URL 链接响应区域，添加交互功能。

16.2.3　优化

在 Fireworks 8 中对图像进行优化处理，以减小文件大小，使图像在网络中快速下载。Fireworks 8 提供了强大的图像优化功能。通过图像优化，可以在保证一定输出品质的前提下获得较小的文件大小。例如，在某些场合减少照片的色彩数量来减小文件大小，或者通过不同的切割，对每一个切片进行优化设置，以减小总文件的大小。

16.2.4　输出文件

完成图像的优化后，可以按照一定格式输出图像。这些输出的图像可以直接应用于网页，或者作为其他图像处理程序的素材文件。无论选择哪种输出格式，源（图像）文件都会以 Fireworks 8 默认的 PNG 格式保留，而不会因为输出而改变。可以使用同一个源文件，根据不同应用需要输出多个不同格式、不同品质和大小的图像。

16.3 常用的操作

16.3.1 课堂实训1——设置图像尺寸大小

在 Dreamweaver 8 图像的"属性"面板中，通过调整图像的宽度和高度可以设置图像大小。但实际上并不没有改变图像的真正大小，只是设置了图像在浏览窗口中显示时的大小。如果在"属性"面板中单击"还原大小"按钮，图像尺寸大小便又复原，这样并不能改变图像文件所占用的字节数。本例主要介绍如何使用 Fireworks 8 真正设置图像尺寸大小。具体操作步骤如下：

实讲实训
多媒体演示

多媒体演示参见配套光盘中的\\视频\第16章\设置图像尺寸大小.avi。

Step 01 在 Fireworks 8 中打开需要设置大小的图像，如图 16-2 所示。

Step 02 在文档窗口的主菜单中选择"修改"|"画布"|"图像大小"选项，弹出如图 16-3 所示的"图像大小"对话框。

图 16-2　打开图像文件

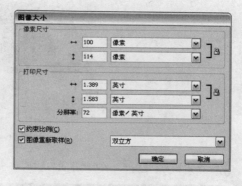

图 16-3　设置图像尺寸大小

Step 03 根据所需要的图像尺寸，在"像素尺寸"选项区域中输入宽度和高度值，单击"确定"按钮便完成了图像尺寸大小的设置。

☕ 注 意

取消"约束比例"复选框的选择，可不按比例设置图像的宽度和高度尺寸。

Step 04 当完成了大小设置后，可对该图像文件进行保存。保存的方法通常有两种：

- 选择"文件"|"保存"选项，在弹出的保存图像对话框中输入一个名称即可。这种方式只能保存 PNG 格式的图像文件，但这种格式有些浏览器不支持，网页中不常用。
- 选择"文件"|"导出"选项，在弹出的导出图像对话框中输入一个名称，选中适当的图像格式即可保存。

16.3.2 课堂实训2——优化图像

在网页的设计和制作过程中，常会遇到这样的问题，有心想将设计精美的图像放置到自己的网站中，但因图像太大，严重影响了网络的速度，不方便网友的浏览。"图像优化"能协调图像的质量和图像大小之间的关系，以便提高图像在网页中的下载速度。具体操作步骤如下：

Step 01 在 Fireworks 8 中打开 ch16\LANDS.GIF 图像，在图像文档窗口中打开"2幅"选项卡。

Step 02 打开"优化"面板。如果面板组中"优化"面板被关闭，选择"窗口"｜"优化"选项或按 F6 键，打开"优化"面板。

Step 03 优化设置。选择"优化"面板"保存的设置"下拉列表中的"JPFG-较高品质"选项，在"品质"文本框中输入 55，在"平滑"下拉列表中选择 7。完成优化设置后的效果如图 16-4 所示，被优化的图像由原来的 42.41K 变为 5.83K。

图 16-4 优化图像

Step 04 导出图像。选择"文件"｜"导出"选项，将优化后的图像保存到 ch16 文件夹下，名称为 LANDS.JPG。

📚 技巧

制作带相框的旧相片

（1）在 Fireworks 8 中打开一幅彩色照片。选择"命令"｜"创意"｜"转换为灰色图像"选项，对照片进行仿旧处理。

（2）添加旧相片相框。选择"命令"｜"创意"｜"添加图片框"选项，弹出"添加图片框"对话框。在"选择一种图案"下拉列表框中选择 Wood 图案，在"框大小"文本框中输入 8，单击"确定"按钮，即完成添加旧相片相框的制作，如图 16-5 所示。

图 16-5 旧相片

注 意

选择"窗口"│"层"选项，打开"层"面板。单击"图片框"所在图层 标志，取消锁定状态，便可在"属性"面板中编辑"图片框"的属性，如大小、图案以及光度等。

16.4 案例实训

16.4.1 案例实训1——制作网站标志

本案例将学习利用 Fireworks 8 完成一个网站标志图像的制作。
具体操作步骤如下：

多媒体演示参见配套光盘中的\\视频\第16章\制作网站标志.avi。

Step 01 启动 Fireworks 8 软件。选择"文件"│"新建"选项，弹出"新建文档"对话框。在"新建文档"对话框中设置新建一个"宽度"为150像素，"高度"为60像素，"分辨率"为72像素/厘米，"画布颜色"设置为透明的文档。如图 16-6 所示。单击"确定"按钮，新建一个文档。

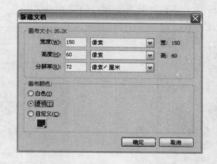

图 16-6 "新建文档"对话框

Step 02 在工具栏中选择"椭圆"工具 ，如图 16-7 所示，然后在新建的文档窗口中拖动鼠标绘制一个椭圆形状，如图 16-8 所示。

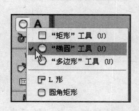

图 16-7 选择绘图工具

图 16-8 绘制椭圆形状

Step 03 设置椭圆形状属性。在"属性"面板"边缘"下拉列表框中选择"消除锯齿"选项；在"纹理"下拉列表框中选择"划痕"选项，并设置为50%；选择"透明"复选框，如图 16-9 所示。在 下拉列表框中选择"椭圆形"选项，单击 图标的下三角按钮，在弹出的"预置"下拉列表框中选择"铜"选项，如图 16-10 所示。

图 16-9 "属性"面板

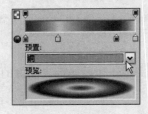

图 16-10 选择预置效果

Step 04 完成属性设置后的效果如图 16-11 所示。

Step 05 单击工具栏中"文本"工具 **A**，在图像上单击，形成一个文本输入框，输入"玫瑰天使"，单击"样式"面板中的 Style91 样式，结果如图 16-12 所示。

图 16-11 设置属性后的效果图

图 16-12 设置文本属性

Step 06 变形文字。单击并按住工具栏中的"缩放"工具 ，然后选择"扭曲"工具 ，这时文字周围便会出现"调整"手柄，拖动手柄对文字进行变形操作，结果如图 16-13 所示。

图 16-13 变形文字

Step 07 导出网站标志。选择"文件"｜"导出"选项，弹出"导出"对话框。在"保存在"列表框中选择图像保存的位置；在"文件名"文本框中输入 logo 作为图像的名称；在"导出"列表框中选择"仅图像"选项。单击"保存"按钮，完成图像的保存操作，如图 16-14 所示。

图 16-14　保存文档

16.4.2　案例实训 2——制作网页动画

　　动画图像可以为网站增加活泼生动、复杂多变的外观。在 Macromedia Fireworks 8 中，可以创建包含活动的横幅广告、徽标和卡通形象的动画图形。本案例将利用如图 16-15 所示的 3 幅图片完成一个 GIF 帧动画的制作。

实讲实训
多媒体演示

多媒体演示参见配套光盘中的\\视频\第16章\制作网页动画.avi。

图片 1　　　　　　　图片 2　　　　　　　图片 3

图 16-15　各帧动画图片

具体操作步骤如下：

Step 01　启动 Fireworks 8 软件。选择"文件"｜"新建"选项，弹出"新建文档"对话框。在"新建文档"对话框中设置新建一个"宽度"为 100 像素，"高度"为 100 像素，"分辨率"为 72 像素/英寸，"画布颜色"设置为透明的文档，如图 16-16 所示。

Step 02　在面板组中选择"帧"面板，如果"帧"面板未被打开，按 Shift+F2 组合键也可打开"帧"面板。连续单击"帧"面板右下角中的"新建/重制帧"按钮 📭，新建 3 个帧，如图 16-17 所示。

图 16-16 新建文档

图 16-17 新建帧

Step 03 添加帧图片。在"帧"面板中选中"帧 1",选择"文件"│"导入"选项,弹出"导入文档"对话框,选择"图片 1.gif"图片,单击"打开"按钮,此时光标变为 □ 形状,在新建的文档中单击,导入"图片 1.gif"图片,如图 16-18 所示。

图 16-18 导入图片

Step 04 重复步骤 3 的操作,分别在"帧 2"中导入"图片 2.gif"图片,在"帧 3"中导入"图片 3.gif"图片。

Step 05 设置导出动画格式。选择"文件"│"导出向导"选项,弹出"导出向导"对话框,如图 16-19 所示。

Step 06 单击"继续"按钮,在之后的对话框中选择"GIF 动画"单选按钮,如图 16-20 所示。

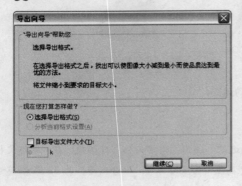

图 16-19 导出向导

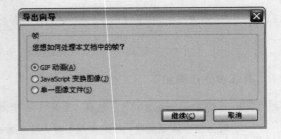

图 16-20 设置动画格式

Step 07 单击"继续"按钮,弹出"图像预览"对话框。选择"动画"选项卡,并选中"永久"循环动画的循环方式,如图 16-21 所示。

Step 08 单击"导出"按钮,保存动画。

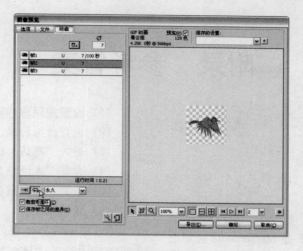

图 16-21　设置动画的循环方式

16.5　习题

一、选择题

1．通过_____快捷键可以打开或关闭"优化"面板。
    A．F6　　　　　　　　　　　　　B．Ctrl+F6
    C．F8　　　　　　　　　　　　　D．Shift+F6

2．在 Fireworks 8 中可以制作帧动画，通过_____快捷键可以打开或关闭"帧"面板。
    A．Shift+F2　　　　　　　　　　B．Shift+F8
    C．Alt+ Shift　　　　　　　　　D．Alt+F2

二、简答题

1．简述在 Fireworks 8 中对图像进行优化处理的意义。
2．简述改变画布尺寸对图像质量的影响。

三、操作题

1．使用 Fireworks 8 优化 ch16\LANDS.GIF 图片，在"设置"下拉列表中选择"JPFG—较小文件"选项。
2．同样用上题中的 LANDS.GIF 图片，试着添加图片相框。

附录　参考答案

第1章

一、选择题

1. C　　2. A　　3. B　　4. D

二、简答题

1. Dreamweaver 8 是 Macromedia 公司出品的一款"所见即所得"的网页制作软件。

2. 回车键（Enter）。

第2章

一、选择题

1. B　　2. B　　3. D　　4. C
5. A　　6. D

二、简答题

1. 规划网站，一般要从3个方面去思考，即网站的主题、网站的内容和网站的对象。

网站的主题需要从网站的题材和网站的标题入手，其中网站的题材需要注意定位要小、内容要精，自己擅长或者喜爱的内容不要太滥也不要目标太高，网站的标题则需要注意名称要正、易记、有特色。

网站最重要的是内容，定位网站的内容可以使用以下方法：首先列几张清单，把自己现有的、能够提供或想要提供的内容列出来；再把觉得网站浏览者会喜欢、需要的内容列出来；最后再考虑实际制作技术上的能力。

定位网站的对象的方法如下：首先必须确切了解自己的客户对象；然后列出吸引浏览者的内容和浏览者所需要的服务；最后根据这些服务决定该使用哪些网页技术。

2. 使用"高级"选项卡定义站点步骤如下：

（1）设置应用程序服务器。
（2）设置虚拟目录。
（3）进入"高级"选项卡。
（4）设置"本地信息"的各参数。
（5）设置"测试服务器"的各参数。
（6）显示结果。

3. 常见的 Web 服务器包括 IIS、Netscape Enterprise Server、iPlanet Web Server 和 Apache HTTP Server。Web 服务器是根据 Web 浏览器的请求提供文件服务的软件。Web 服务器有时也叫做 HTTP 服务器。

第3章

一、选择题

1. B　　　　2. D　　　　3. D

二、简答题

1. CSS（Cascading Style Sheet，层叠样式表）是专门用来进行网页元素定位和格式化的。在网页设计中，特别是中文网页设计中，CSS 的使用非常广泛，其良好的兼容性、精确的控制方法、更少的编码受到了更多网页设计者的青睐。

2. 人们最初在制作网页的时候，发现有很多文本设置的格式相同，这样就造成了重复的劳动，因此提出了"样式"的概念。简单来说，样式就是设置文本的一个或一组格式。通过使用样式，可以帮助用户对文本格式进行批量设置，从而可以大大节省工作量。

第4章

一、选择题

1. C　　　　2. A B　　.3. B

4. D　　　5. D　　　6. C

二、简答题

表格是网页的一个非常重要的元素，因为 HTML 本身并没有提供更多的排版手段，往往就要借助表格实现网页的精细排版。可以说表格是网页制作中尤为重要的一个元素，表格运用得好坏，直接反映了网页设计师的水平。

第 5 章

一、选择题

1. B　C　　　2. C

二、简答题

1. 网页中使用的图像可以是 GIF、JPEG、BMP、TIFF、PNG 等格式的图像文件，其中使用最广泛的主要是 GIF 和 JPEG 两种格式。

2. 图像对齐方式如下：

默认值：通常指定基线对齐。（根据站点访问者的浏览器的不同，默认值也会有所不同。）

基线和底部：将文本（或同一段落中的其他元素）的基线与选定对象的底部对齐。

顶端：将图像的顶端与当前行中最高项（图像或文本）的顶端对齐。

居中：将图像的中部与当前行的基线对齐。

文本上方：将图像的顶端与文本行中最高字符的顶端对齐。

绝对居中：将图像的中部与当前行中文本的中部对齐。

绝对底部：将图像的底部与文本行（这包括字母下部，例如在字母 *g* 中）的底部对齐。

左对齐：所选图像放置在左边，文本在图像的右侧换行。如果左对齐文本在行上处于图像之前，它通常强制左对齐对象换到一个新行。

右对齐：图像放置在右边，文本在图像的左侧换行。如果右对齐文本在行上处于图像之前，它通常强制右对齐对象换到一个新行。

第 6 章

一、选择题

1. B　　　2. A　　　3. A
4. B　　　5. B　　　6. C

二、简答题

1. 框架的作用就是把浏览器窗口划分为若干个区域，每个区域可以分别显示不同的网页。框架由两个主要部分——框架集和单个框架组成。

2. 框架集是在一个文档内定义一组框架结构的 HTML 网页。框架集定义了网页中显示的框架数、框架的大小、载入框架的网页源和其他可定义的属性等。

第 7 章

一、选择题

1. ABC　　　2. D

二、简答题

1. 为了简化使用表格进行页面布局的过程，Dreamweaver 8 提供了布局视图。在布局视图中，可以使用表格作为基础结构来设计自己的网页，从而避免了使用传统表格进行布局的麻烦。

2. 布局单元格可以在下列两种条件下绘制：

（1）在布局表格内绘制布局单元格

如果在布局表格内绘制布局单元格，所绘制的布局单元格将受到其外的布局表格的限制，布局单元格的宽度和高度均不能超出其外布局表格的宽度和高度。

（2）在空白的文档内绘制布局单元格

在空白的文档内绘制布局单元格，没有像在布局表格内绘制布局单元格的限制。布局单元格的宽度和高度可以随意。另外，在空白的文档内绘制布局单元格后，Dreamweaver 8 会自动在布局单元格的外边添加一个布局表格。

第 8 章

一、选择题

1. A   2. D   3. B
4. D   5. C

二、简答题

1. 下面介绍常用的 3 种文档路径类型：

（1）绝对路径。绝对路径就是被链接文档的完整 URL，包括所使用的传输协议（对于网页通常是 http://）。从一个网站的网页链接到另一个网站的网页时，必须使用绝对路径，以保证当一个网站的网址发生变化时，被引用的另一个页面的链接还是有效的。

（2）文档相对路径。文档相对路径指以原来文档所在位置为起点到被链接文档所经过的路径。这是用于本地链接最适宜的路径。当用户要把当前文档与处在相同文件夹中的另一文档链接，或把同一网站下不同文件夹中的文档相互链接时，就可以使用相对路径。

（3）根相对路径。根相对路径是指从站点根文件夹到被链接文档所经过的路径。一个根相对路径以正斜杠开头，它代表站点根文件夹。根相对路径是指定网站内文档链接的最好方法，因为在移动一个包含相对链接的文档时，无需对原有的链接进行修改。

2. 锚记链接（简称锚记）就是在文档中插入一个位置标记，并给该位置设置一个名称，以便引用。通过创建锚记，可以使链接指向当前文档或不同文档中的指定位置。锚记常常被用来跳转到特定的主题或文档的顶部，使访问者能够快速浏览到选定的位置，加快信息检索速度，也可到任意指定的位置。

第 9 章

一、选择题

1. B   2. A   3. C
4. C   5. B   6. B
7. A

二、简答题

1. 层是一种网页元素定位技术，使用层可以以像素为单位精确定位页面元素。层可以放置在页面的任意位置。我们可以在层里面放置文本、图像等对象甚至其他层。层对于制作网页的部分重叠更具有特殊作用。把页面元素放入层中，可以控制元素的显示顺序，也能控制哪个显示，哪个隐藏（配合时间轴的使用，可同时移动一个或多个层，这样我们就可以轻松制作出动态效果）。

2. 帧编号：指示帧的序号。"后退"和"播放"按钮之间的数字是当前帧编号。可以通过设置帧的总数和每秒帧数（fps）来控制动画的持续时间。每秒 15 帧这一默认设置是比较合适的平均速率，可用于在 Windows 和 Macintosh 系统上运行的大多数浏览器。

第 10 章

一、选择题

1. D   2. A   3. C
4. A   5. C

二、简答题

1. 要在文档中创建表单，请执行下列操作方式之一：

- 把光标停留在要插入表单的位置，然后在菜单栏中选择"插入"｜"表单"选项。

- 把光标停留在要插入表单的位置，然后单击"插入"工具栏中的"表单"标签下的"表单"按钮。
- 将"插入"工具栏上"表单"按钮直接拖拽到页面上需要插入表单的位置。

通过以上任意方法都能创建一个表单，在页面中的光标处会出现一个红色的框。

2．Dreamweaver 8 表单可以包含标准表单对象，有文本域、按钮、图像域、复选框、单选按钮、列表/菜单、文件域、隐藏域及跳转菜单。

第 11 章

一、选择题

1．D   2．D   3．A
4．B   5．D

二、简答题

1．Dreamweaver 8 行为是事件和由该事件所触发动作的组合。行为的特点是强大的网页交互功能，它能够根据访问者鼠标的不同动作来让网页执行相应的操作，或相应地更改网页的内容。使用行为命令让网页制作人员不用编程就能实现一些程序动作。比如验证表单、打开一个浏览器窗口等。

2．事件可以简单地理解为动作的触发点。它是动作产生的先决条件。由于浏览器的版本不同，所支持的事件类型也不相同。

第 12 章

一、选择题

1．D   2．A   3．D
4．D

二、简答题

1．如果计划将数据库与 Web 应用程序一

起使用，至少需要创建一个数据库连接。如果没有数据库连接，应用程序将不知道在何处找到数据库或如何与之连接。可通过提供应用程序与数据库建立联系所需的信息或"参数"，在 Dreamweaver 8 中创建数据库连接。

2．将数据库用作动态网页的内容源时，必须首先创建一个要在其中存储检索数据的记录集。记录集在存储内容的数据库和生成网页的应用程序服务器之间起着桥梁作用。记录集本身是从指定数据库中检索到数据的集合。它可以包括完整的数据库表格，也可以包括表格的行和列的子集。

3．可以使用阶段变量存储和显示在用户访问（或会话）期间保持的信息。服务器为每个用户创建不同的阶段对象并保持一段固定时间，或直至该对象被明确终止。

4．新用户注册后，都要根据相应的用户名和密码进入到网站的相关网页，称为登录。用户输入的用户名和密码提交后，首先要检验用户名是否合法和密码是否正确，之后才能进入到相关页，登录成功。若登录不成功，要做相应处理；登录成功后，也可以退出登录。

第 13 章

一、选择题

1．C   2．D   3．B
4．C

二、简答题

1．Dreamweaver 8 允许把网站中需要重复使用或需要经常更新的页面元素（如图像、文本或其他对象）存入库中，存入库中的元素称为库项目。

需要时，可以把库项目拖放到页面中。这时，Dreamweaver 8 会在文档中插入该库项目的 HTML 源代码的一份拷贝，并创建一个对外部库项目的引用。这样，通过修改库项目，

然后使用"修改"|"库"子菜单上的更新命令，即可实现整个网站各页面上与库项目相关内容的一次性更新。

2．模板本身是一个文件，而库则是网页中的一段 HTML 代码。Dreamweaver 8 将所有的模板文件都存放在站点根目录下的 Templates 文件夹中，扩展名为.dwt。

模板也不是一成不变的，即使是在已经使用一个模板创建文档之后，也还可以对该模板进行修改。在更新使用该模板创建的文档时，那些文档中的锁定区域就会被更新，并与模板的修改相匹配。

第 14 章

无

第 15 章

一、选择题

1．C　　　2．A

二、简答题

1．优化网站一般分为两部分：

(1) 整理 HTML。在菜单栏中选择"命令"|"套用源格式"选项，执行这个操作可以使源代码的格式更清晰易懂和规范化。

(2) 优化文档。使用 Dreamweaver 8 提供的"清理 HTML"命令，可以从文档中删除空标记、嵌套的<font>标记等，以减少代码量。

2．当网页上传到因特网服务器上后，再次测试链接、下载速度等问题时，有可能与在本地所测试的结果有一定的出入。如在本地测试是成功的页面，但上传后却有问题。问题多表现在图像不能显示或链接找不到，原因多是文件名和链接路径出现错误。如：有些因特网服务器区分文件名大小写，忽略了这一点，就可能导致不能正常的链接；还有就是网站中所使用到的图像文件没有上传到服务器中，或图像的文件名有用中文命名的。在这里建议不要使用带有中文的文件名，还有一般要使用小写字母来标识文件名或图像的名称。

第 16 章

一、选择题

1．A　　　2．A

二、简答题

1．在 Fireworks 8 中对图像进行优化处理，可以减小文件大小，使图像在网络中快速下载。通过图像优化，可以在保证一定输出品质的前提下获得较小的文件大小。例如，在某些场合减少照片的色彩数量来减小文件大小，或者通过不同的切割，对每一个切片进行优化设置，以减小总文件的大小。

2．改变画布的尺寸与图像质量没有太大的关系，但会影响图像的整体效果。加大图像画布时，加大的区域用背景色填充；缩小图像画布时，对图像进行剪切达到新画布的尺寸。因此，在改变画布尺寸时，要根据需要进行合适的调整。